대한민국 으뜸 농사기술서
사과

대한민국 으뜸 농사기술서
사과

농민신문사

책을 내며

사과는 온대지역의 대표적 과수로서 세계인이 사랑하는 과실이다. 우리나라에서도 과일의 대표주자로 꼽힌다. 재배 역사가 100년에 이르며, 2016년 기준으로 3만 3,000ha에서 58만톤이 생산되고 있다. 재배농가의 소득도 높은 편이다. 오늘날 사과 연구자와 재배 농가 앞에는 새로운 과제가 놓여 있다. 자유무역협정(FTA)으로 국내 시장이 개방되고 수출입이 자유화될 것으로 예상되는 이때, 국내 소비만을 위해 생산하는 작목에서 세계화 시대의 작목으로 거듭나야 하는 과제가 그것이다.

그동안 국내에는 사과에 대한 수십 종의 교과서와 단행본, 소책자, 전자책 등이 발간되어 있었다. 하지만 대개는 내용이 복잡하고 서술이 난해해 전문가가 아니면 이해하기 어려웠다. 연구자로서 '사과 재배를 하고 있거나 시작하려는 초보 농업인도 쉽게 이해할 수 있는 책이 필요하다'고 생각하던 차, 농민신문사와 인연이 닿아 이 책을 집필하게 되었다. 이 분야 최고의 전문가들로 집필진을 꾸렸고, 선정된 집필자들은 수십 차례 의견을 교환하면서 그간의 경험과 최신의 자료를 모아 누구나 알기 쉽게 정리하고자 했다.

이 책은 사과 재배에서 품종, 토양관리, 생리생태 및 전정 등 기술부터 경영까지 농가가 알아야 할 기본적인 사항의 골격 위에 전문적인 내용을 적절히 보태고, 필요한 경우 정보통신기술(ICT) 같은 최신의 경영 환경과 경향도 다루었다. 가장 큰 특징은 기존의 교과서처럼 이론 위주로 열거한 것이 아니라, 현장에서 바로 이용할 수 있도록 핵심을 추려 참고서나 핸드북 형태로 정리한 점이다. 그러면서도 자세한 설명이 필요한 부분에는 집필자들의 현장 경험이나 최신 연구논문에 발표된 결과로 보충했다. 사과 재배 농가라면 누구나 '조금 더 깊이 있게 알았으면 좋겠다' 생각할 바로 그 부분에 전문가의 족집게식 조언을 곁들인 셈이다.

　이 책이 우리 집필진만의 성과물은 아니다. 국내의 각종 사과 교과서와 관련 논문, 농촌진흥청 국립원예특작과학원 사과연구소를 비롯한 여러 기관과 전문가의 숱한 저서와 의견을 참고하고 인용한 결과 내용이 더욱 충실해질 수 있었다. 기꺼이 자료를 제공하고 의견을 개진해준 여러 기관과 많은 연구자들에게 깊이 감사드린다. 또 농민신문사의 뜨거운 격려와 적극적인 지원이 아니었으면 책이 세상에 나올 수 없었을 것이다. 농민신문사 관계자들에게도 이 지면을 빌려 감사의 말씀을 전한다.

　돌아보니 부족하고 아쉬운 부분이 많지만 앞으로 수정하고 추가하는 것을 숙제로 삼으려 한다. 출간을 위해 격려해준 모든 분들께 다시 한 번 감사드린다.

2017. 8

집필자를 대표하여
농학박사 임 명 순

c o n t e n t s

제1장 서언
1. 원산지 — 10
2. 우리나라 재배 내력 — 11
3. 재배 및 수출입 현황 — 12
4. 전망 — 15
5. 성분 — 15

제2장 재배 특성과 환경
1. 재배 특성 — 20
2. 재배 환경 — 23

제3장 품종
1. 품종 선택 요령 — 30
2. 주요 품종의 특성 — 33

제4장 왜성대목 종류 및 주요 특성
1. M.9 — 46
2. M.26 — 47

제5장 과원 조성
1. 개원 시 고려 사항 — 50
2. 조성 계획 수립 — 51
3. 조성 — 52
4. 재식 — 56

제6장 수형과 정지·전정
1. 결과 습성 ——— 62
2. 수형 ——— 63
3. 왜성대목 및 일반대목 사과나무의 수형별 정지·전정 ——— 65

제7장 결실관리
1. 꽃눈 확보 ——— 86
2. 수분과 수정 ——— 88
3. 열매솎기 ——— 91

제8장 토양관리
1. 토양 생산력 요인 ——— 96
2. 토양개량 ——— 99
3. 표토관리 ——— 105
4. 수분관리 ——— 106
5. 시비 ——— 110

제9장 생리장해
1. 영양장해 ——— 116
2. 생리장해 ——— 126
3. 저장중 생리장해 ——— 134

제10장 병해충, 바이러스 및 조수해 방제 대책
   1. 병해·바이러스 생태와 방제 대책 — 140
   2. 주요 해충별 생태와 방제 대책 — 157
   3. 병해충 종합 관리 대책 — 170
   4. 조수해 방제 대책 — 175

제11장 기상재해
   1. 동해 — 182
   2. 늦서리 — 186
   3. 우박 — 190
   4. 태풍 — 192

제12장 수확 및 저장
   1. 수확 — 198
   2. 수확 후 생리 — 202
   3. 저장 전 처리 — 205
   4. 저장 — 207
   5. 출고 — 211
   6. 저장장해 — 212
   7. 선과 및 포장 — 214

제13장 사과원 경영
   1. 경영 여건 — 224
   2. 경영 분석 — 229
   3. 경영 개선 — 234
   4. 경영진단 및 사례 — 242

제1장

서언

제1장 서언

1. 원산지

사과나무속(*Malus*속) 식물은 아시아, 유럽, 북미의 3대륙에 분포한다. 사과속에는 25종 이상의 다양한 종류가 있으나 현 재배종 사과(*Malus domestica*)의 기본은 유럽 동남부 및 아시아 서부에 자생하는 *Malus pumila*에 가장 가까우며, 그 다음이 *M.sylvestris*, *M.baccata* 종류이다. 사과의 원산지에 관해 프랑스의 식물학자는 〈재배식물의 기원〉(1883년)에서 코카서스와 북부 페르시아(이란)로, 소련의 식물학자는 〈소련, 아시아 지역과 코카서스 지역에 있어서 과실류의 발원지〉(1931년)에서 코카서스산맥 북사면의 광대한 지역을, 〈중국과수분류학〉(1979년)에서는 천산산맥의 해발 1,250m 지대로 밝히고 있다.

사과는 한랭지 과수로서 생육기 낮 온도가 높지 않으면서 밤낮 온도차가 큰 지역이 적지이며, 원산지의 기상과 관련성이 높게 진화·정착해 왔음을 알 수 있다. 유럽으로는 원산지인 코카서스 지방으로부터 고대 민족의 이동에 의해 기원전에 야생 사과가 전파되었고, 북미 대륙에는 영국인 등 유럽인들의 북미 이주와 함께 17세기 중엽에 전파되었다. 중국의 천산산맥(신장)에서 유래한 능금(임금·林檎, *Malus asiatica*)류는 실크로드를 따라 6세기경에 중국 전역에 전파되면서 한반도에도 유입되었다. 우리나라에는 능금나무(*M.asiatica*), 매주나무(*M.baccata*), 삼엽해당(*M.sieboldii*), 제주아그배(*M.micromalus*) 등이 분포하고 있다. 현재의 사과 명칭은 중국의 기록상으로 볼 때 처음에는 내(柰,능금나무)였던 것이 빈자(檳子)→빈과(蘋果)→사과(沙果) 또는 평과(苹果)로 과실명이 바뀌면서 한국 등 동북 아시아까지 전파되었음을 알 수 있다. 그럼에도 우리나라에서 부르고 있는 사과와 능금은 학명이 달라 종류도 서로 다름을 알 수 있다.

2. 우리나라 재배 내력

사과의 우리나라 재배 내력은 〈지봉유설(芝峰類說)〉(1614년), 〈색경(穡經)〉(1676년), 〈산림경제(山林經濟)〉(1643~1715년), 〈증보산림경제〉(1766년), 〈고사신서(攷事新書)〉(1771년), 〈해동농서(海東農書)〉(1798~1799년), 〈관휴지(灌畦志)〉(1842~1845년), 〈농정서(農政書)〉(1834~1879년) 등의 고농서에 기록되어 있다.

중국에서 유입된 능금나무(*Malus asiatica*)는 처음 조선시대 왕실을 위하여 궁궐이 있던 서울의 자하문 밖에 과수원을 만들어 그 과실을 궁궐에 공급했다. 현재와 같은 개량종(*Malus domestica*)에 의한 경제적 재배는 1884년경 선교사들이 들여와 관상용으로 재배하면서부터다. 그 후 윤병수씨가 미국 선교사를 통하여 1901년 다량의 묘목을 들여와 원산 부근에서 좋은 결과를 얻었고, 조선 말인 1906년 정부 주도로 서울 뚝섬에 원예모범장을 설치하여 개량종 도입 비교시험 및 묘목 번식 연구를 한 것이 본격적인 사과 연구의 시초이다. 사과 재배의 공식적 첫 통계는 〈실험조선과수재배〉(김성원 저) 기록에 나온 1938년 8,583.3ha(283.3만주 7,414톤)으로 인구 대비 엄청난 재배면적임을 알 수 있다. 1970년대 중반에 M.26, MM.106과 같은 왜성대목에 접목한 '후지' 재식으로 급속하게 재배면적이 증가하여 1992년 5만 2,985ha를 정점으로 2015년 3만 1,620ha가 재배되고 있다.

3. 재배 및 수출입 현황

재배 현황

전 세계적으로는 8,082만톤의 사과가 생산되고 있다. 중국이 총생산량의 49.1%인 3,968만톤으로 가장 많은 사과를 생산하고, 그 다음이 미국, 터키, 폴란드, 이탈리아 순이다.

표 1-1 주요 국가별 사과 재배면적 및 생산량

구분	중국	미국	터키	폴란드	이탈리아	전체
재배면적(만ha)	241.0	13.1	17.3	19.3	5.7	521.7
생산량(만톤)	3,968	408	313	309	222	8,082

*자료: FAO 생산통계(2013)

우리나라는 1992년에 5만 2,985ha로 최고에 달했던 재배면적이, 과잉생산에 따른 사과 값 하락으로 다른 과수로 전환하는 농가가 늘고 1996년부터는 M.9 자근(自根) 대목을 이용한 왜화밀식 재배체계가 보급되면서 점점 감소하여 2002년에는 가장 적은 2만 5,163ha를 기록했다.

그 이후 사과 값이 안정화되면서 재배면적이 매년 조금씩 늘어 2015년에는 3만 1,620ha까지 증가했다. 50만톤 이하이었던 생산량은 2015년에는 기상조건이 좋아 58만 2,845톤으로 크게 증가했다.

시도별로는 경상북도가 1만 9,247ha에서 37만톤을 생산하여 전국 총생산량의 63.9%를 차지하였고, 그 다음이 충북, 경남 순이었다.

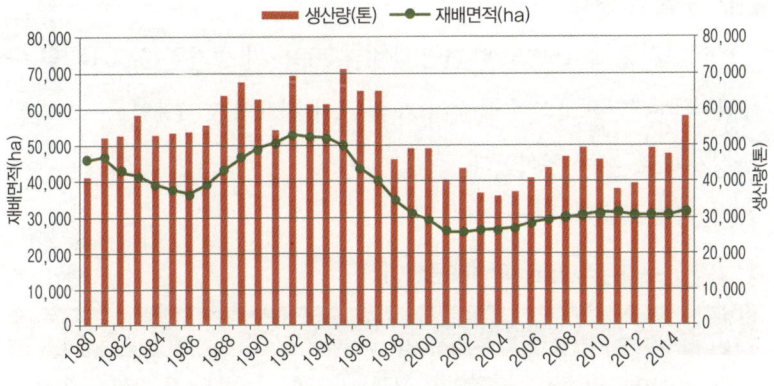

〈그림1-1〉 연도별 사과 재배면적 및 생산량 추이(자료: 통계청)

표 1-2 2015년 시도별 사과 재배면적 및 생산량

구분	계	경기	강원	충북	충남	전북	전남	경북	경남	기타
재배면적 (ha)	31,620 (100)	330 (1.0)	721 (2.3)	3,984 (12.6)	1,283 (4.1)	2,223 (7.0)	289 (0.9)	19,247 (60.9)	3,444 (10.9)	99 (0.3)
생산량 (톤)	582,845 (100)	2,740 (0.5)	4,472 (0.8)	69,242 (11.9)	24,560 (4.2)	34,688 (6.0)	5,320 (0.9)	372,627 (63.9)	67,491 (11.6)	1,706 (0.3)

시군별로는 안동·청송·영주·의성이 2,000ha 이상이고, 거창·봉화·충주·문경·포항이 1,000ha 이상으로 주산지를 이루고 있다.

표 1-3 주산지별 재배면적

시군	안동	청송	영주	의성	거창	봉화	충주	문경
재배면적(ha)	2,985	2,831	2,604	2,287	1,587	1,560	1,396	1,390
시군	포항	밀양	예천	상주	예산	함양	제천	영천
재배면적(ha)	1,079	982	815	774	724	694	623	621

2 수출입 현황

우리나라는 2015년도에 전년 대비 1,288톤이 증가한 3,504톤을 수출했는데, 대만으로의 수출량이 가장 많아 전체의 59.1%였고, 그 다음이 싱가포르, 홍콩 등이었다.

표 1-4 우리나라 신선사과 수출량(2015)   (단위: 톤)

대만	싱가포르	홍콩	미국	베트남	러시아연방	인도네시아	태국	계
2,071	414	393	239	175	76	29	27	3,504

표 1-5 우리나라 신선과실 수입량(2015)   (단위: 톤)

바나나	오렌지	파인애플	포도	자몽	키위	망고
363,465	111,743	68,373	66,191	25,009	23,821	13,463
양앵두	용과	석류	아보카도	망고스틴	두리안	파파야
12,578	9,540	8,810	1,515	448	181	181

*자료: 관세청 수출입무역통계(총수입량: 686,398톤)

4. 전망

각종 자유무역협정(FTA) 체결에 따른 수입단가 하락으로 포도·양앵두·오렌지·키위 수입량이 증가하고 있고, 열대·아열대 과실도 연중 수입되고 있어 직간접적으로 피해를 받고 있다. 현재처럼 3.1만ha에서 60만톤이 생산된다면 소득 유지가 어려워 사과산업의 전망이 불투명하므로, 중소과 생산 등으로 단위면적당 수량을 늘리고 생산비 절감을 통해 국제경쟁력을 높여 수출을 확대하기 위한 노력이 더욱 필요하다.

국민소득 증가와 더불어 과실 소비량은 선진국 수준으로 증가될 것이나 생과 소비량은 한계가 있다. 따라서 1인가구 증대와 단체급식 같은 신수요에 맞는 조각과일·신선편이식품·스트레이트주스 등의 가공식품 개발, 주년 공급체계 구축 등의 수요창출 노력도 필요하다.

5. 성분

사과의 주성분은 탄수화물이고, 단백질과 지방은 비교적 적으며, 비타민C와 무기염류가 다른 식품에 비하여 특히 많다. 사과는 가식부(可食部)가 95%이고 수분이 85%인데, 생식으로 많이 이용되고 각종 음료와 양조의 원료로도 이용되며, 잼·건과·분말·통조림 등의 가공품과 일부 약품에도 이용된다. 게다가 건강에 크게 기여하는 항산화물(항암작용 물질)의 중요한 공급원이다.

사과에는 생체중 100g당 쿼르세틴 배당체 13mg, 프로시아니딘 9.35mg, 클로로젠산 9.02mg, 에피카테킨 8.65mg, 플로레틴 배당체 5.59mg 등의 생리활성 작용이 높은 화합물이 함유되어 있다. 이들 화합물은 과육에도 있지만 과피에 훨씬 많다. 대장암세포(Caco-2) 및 간암세포(HepG2)에 사과 추출물을 처리한 실험 결과 농도가 증가함에 따라 암세포 증식이 억제된다고 한다. 이때 사과 추출물의 세포증식 억제 효과는 1mL당 50mg을 투여할 경우 과피 포함 추출 처리에서는 43%, 과피를 제거 추출한 처리에서는 29%를 보였다. 간암세포(HepG2)에서도 같은 경향을 보여 1mL당 50mg의 투여에서 과피와 함께 추출한 처리에서는 57%, 과피를 제거하고 추출한 처리에서는 40%의 억제 효과를 보인다(그림 1-2). 따라서 사과는 과피와 함께 먹는 것이 항산화물 섭취에 유리하다.

표 1-6 사과(후지)의 성분함량(가식부 100g 중)

수분(%)	열량(cal)	단백질(g)	지방(g)	탄수화물(당질)(g)	회분(g)	칼슘(mg)	인(mg)
84.4	57	0.3	0.1	15.3	0.3	3	8

철(mg)	나트륨(mg)	칼륨(mg)	비타민				
			A(R.E.)	B_1(mg)	B_2(mg)	니아신(mg)	C(mg)
0.3	3	95	3	0.01	0.01	0.1	4

*자료: 식품성분표, 농촌진흥청, 1996.

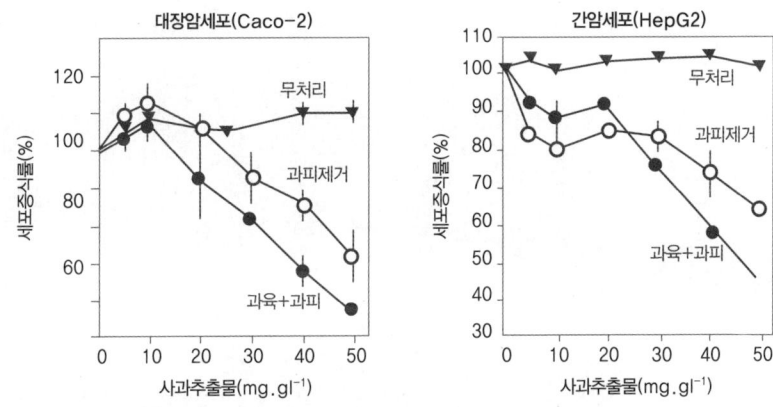

〈그림 1-2〉 사과의 인공기내 암세포 증식 억제 효과

제2장
재배 특성과 환경

제2장 재배 특성과 환경

1. 재배 특성

사과는 소득 변이계수가 비교적 낮은 원예작물로 기술과 경영관리뿐만 아니라 주어진 기후와 토양 조건에 영향을 많이 받는다. 또, 한번 심기면 장기간 한자리에서 재배되며 다시 심는다든지 옮겨심기는 쉽지 않다. 그러므로 개원할 때에 기후·지형·토질·과종·품종 등을 충분히 고려해야 하고, 수익성 및 시장성과 소비패턴 등도 감안해야 한다. 또한 심근성 작물이기 때문에 일반작물과 달리 뿌리 부분의 관리, 즉 토양 관리에 대한 이해가 사과원 운영의 성패에 특히 중요하다.

1 영년생

사과는 일정 기간의 영양생장기를 거쳐 생식생장기가 되면 꽃이 피고 과실이 열리는 작물이다. 왜성사과의 결실 개시기 수령은 3년, 성과기 도달 수령은 소식재배(50주/10a 미만)는 7년, 밀식재배(150주/10a 이상)는 4년이다. 경제적 수령은 소식재배는 23년, 밀식재배는 13~15년이다. 자본의 회수를 빨리 하기 위해 최근에는 밀식재배가 많이 이루어지고 있으나 밀식재배에 따른 문제점으로 어려움을 겪는 경우도 종종 있다. 사과 재배는 M.26 대목을 이용한 왜화밀식재배에서 최근에는 재식 주수가 더 많은 M.9 대목을 이용한 초밀식재배로 전환되었으나 다시 M.26 대목을 찾고 있는 농가도 늘어나고 있다.

2 심근성

사과는 목본성이기 때문에 뿌리가 땅속 깊이 뻗어 들어가는 경우도 있지만, 양분을 흡수하는 대부분의 뿌리가 분포하는 깊이는 20~100cm이다. 뿌리의 분포는 대목, 재식거리, 심경, 관수방법 등에 따라 차이가 있다. 사과가 심근성이라 가장 큰 단점은 생육기 중에는 심토까지 뿌리 생육에 적당한 조건으로 만들기가 어렵다는 것이다. 개원 시 재식 구덩이를 깊이 파서 토양을 개량한 뒤 묘목을 심고 재배 중에도 심경을 해야 뿌리 발달이 쉬워 생육이 순조로우나, 이 과정은 비용이 많이 들며 밀식재배로 인해 이런 작업을 하기 어려운 사과원도 많다.

3 생육과정의 다양성

사과나무는 영양생장기를 지나 생식생장기에 도달하면 꽃이 피고 열매가 열리는 작물이다. 꽃눈분화는 전년도에 일어나며, 겨울철에 휴면과 꽃눈 발달이 이루어지고, 봄이 되어 발아·개화·결실된 후 가을에 성숙하여 수확을 하는 등이 매년 반복적으로 이루어지므로 다른 작물에 비해 생육과정이 매우 복잡하다.

〈그림 2-1〉은 사과의 생육과정을 나타낸 것으로, 전년도 6월 하순부터 7월 중순 사이에 꽃눈분화가 이루어지며 꽃눈분화는 나무의 탄수화물과 질소 함량에 따라 영향을 많이 받는다. 탄수화물에 비해 질소

함량이 월등히 높으면, 즉 C/N율이 낮으면 꽃눈 형성이 잘 안 되고, 질소 함량이 너무 낮으면(C/N율 높음) 꽃눈 형성은 잘되나 새가지(신초) 생장이나 꽃눈은 충실하지 못하게 되어 열매를 잘 맺지 못하는 불량 꽃눈이 된다.

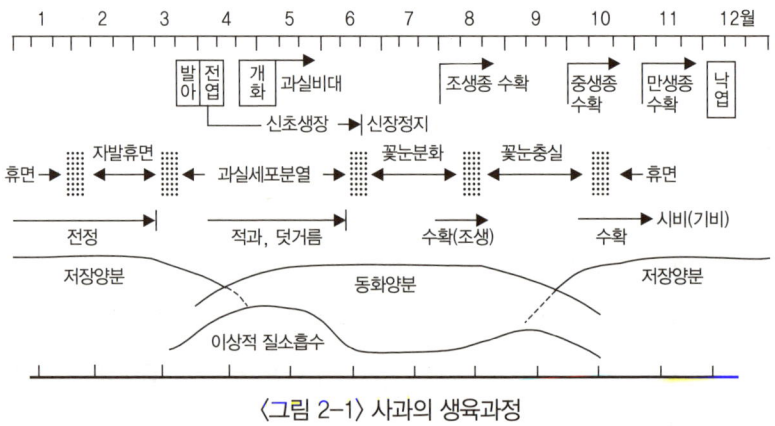

〈그림 2-1〉 사과의 생육과정

4 입체구성

일년생 작물은 키가 작고 결실 부위가 한정되어 있기 때문에 공간 구성이 중요하지 않으나, 사과는 키가 크고 수관이 넓으며 결실 부위가 수관 전체가 되므로 공간 구성이 중요하다. 이상적인 생산량을 얻기 위해서는 가지를 입체적으로 잘 배치해 결실부위를 넓게 하고, 햇빛이 나무 속까지 잘 받고 통기가 원활한 수형이 되도록 나무를 관리해야 한다.

5 내건·내습성

사과나무는 대체로 내건·내습성이 약한 편으로, 특히 M.9 대목은

M.26 대목보다 내습성이 약하다. M.9 재식 시에는 배수가 어려운 토양은 암거배수를 해야 한다. 또한 가뭄이 계속되면 생육이 저조하고 수량이 감소하므로 관수시설을 하는 것이 유리하다.

2. 재배 환경

사과의 생육·수량·품질에 가장 많은 영향을 주는 재배 환경은 기후와 토양이다. 기후 중에서 중요한 것은 기온·일사량·강수량 등이고, 토양은 토성·배수성 등의 물리성과 비료 성분인 화학성이다.

1 기후

(1) 기온

기온은 사과의 휴면·개화·결실·성숙기뿐만 아니라 품질에도 영향을 준다. 특히 개화기로부터 성숙기까지의 적산온도가 과실 발육에 복잡하게 작용하고, 과실 품질에도 큰 영향을 준다.

사과는 연평균기온이 8~11℃, 생육기 평균기온이 15~18℃의 비교적 서늘한 기후에서 재배되는 북부온대과수이다.

휴면기간 중에는 7℃ 이하의 누적기간이 1,200~1,500시간 정도 경과되어야 자발휴면이 타파되어 발아·전엽·개화 등의 생육이 정상적으로 이루어진다. 겨울철 최저기온은 -30℃ 정도가 재배한계온도이지만, 만개기에는 -2.2℃가 30분간 지속되면 암술 주두가 동해를 입는다.

과실비대기에는 20℃ 전후에서 잎의 광합성 속도가 가장 높다. 30℃

이상이 되면 호흡작용이 왕성해져서 탄수화물 생성량보다 호흡에 의한 소비량이 많아 물질의 축적이 이루어지지 않게 되어 과실비대가 불량해지고 꽃눈 형성도 나빠지게 된다. 성숙기의 적온은 20~25℃로, 이보다 낮으면 성숙이 늦어지고 27℃ 전후에서는 빨라지며 30℃ 이상의 고온에서는 성숙이 오히려 늦어지는 것으로 알려져 있다. 남부 또는 평야지보다도 중북부 또는 해발이 다소 높은 곳에서 우량한 과실이 생산되는 이유이다.

과실의 생장은 초기에는 세포분열에 의한 종축생장, 후기에는 세포비대에 의한 횡축생장으로 이루어지는데, 온도가 높고 따뜻한 지역은 후기생장이 충분히 이루어져 과실 모양이 평원형이 되기 쉽고, 생육 후기 온도가 낮은 지역은 후기생장이 일찍 정지되어 원형 또는 장원형이 된다. 또한 낮과 밤의 일교차는 과실의 착색 및 당 함량과 관계가 크며, 야간 온도가 낮을수록 호흡에 의한 탄수화물 소모량이 적어 착색과 당의 축적에 효과적이다.

(2) 강수량

사과나무의 생체중 수분은 과실은 90%, 잎은 70%, 가지나 줄기는 50%를 보유하고 있다. 이 수분은 잎이나 뿌리에서 만들어준 각종 산물의 용매로서 작용해 나무 내의 모든 유기물의 합성과 분해에 관여하므로 부족하면 문제가 발생한다. 다행히도 우리나라는 연강수량이 900~1300mm이기에 연간 부족함은 없다. 그러나 개화기와 성숙기에는 기후가 건조해 때로는 수분 부족 현상이 일어나는데, 사과나무는 건조에 가장 약한 과수이기에 관수장치가 꼭 필요하다.

반면 6~8월에는 강우량 및 강우일수가 너무 많아 과습 피해는 물론이고 일조시수 부족으로 인한 새가지의 웃자람과 높은 공중습도로 인한 각종 병해충 발생이 많고, 약제 살포가 적기에 이루어지기 어려워 곤란을 겪는 경우도 많다. 따라서 새가지 생장 등을 면밀히 검토해 웃자람을 억제하고, 병해충은 종합방제계획에 의한 초기 방제에 중점을 두어야 한다.

(3) 일조

사과나무는 내음성이 약한 과수이므로 광합성의 근간인 햇빛을 충분히 받게 해야 한다. 우리나라에서 맑은 날 햇빛 강도는 10만lux 이상이나, 사과나무의 광포화점(더 강한 햇빛을 주어도 광합성이 증가하지 않는 광도)은 4만lux에 불과하다. 그럼에도 불구하고 사과나무는 그늘을 가장 싫어하며, 나무 내의 햇빛 부족 부위에서는 꽃눈 형성, 과실 비대, 당도 증가, 착색 등에 크게 악영향을 받는다. 특히 우리나라 주품종인 '후지'는 직사광선 타입이라 영향을 더 많이 받게 되므로 햇빛이 수관 내부까지 골고루 닿도록 관리해야 한다.

(4) 바람

적당한 바람은 증산작용을 촉진해 양분과 수분 흡수를 돕고, 수관 상부의 잎을 흔들어 하부 잎에 빛이 잘 닿게 하고, CO_2의 공급을 원활히 해 광합성을 돕는다. 그러나 3m/sec 이상의 바람은 잎 기공 주변의 이산화탄소를 몰아내고 증산량을 늘리며 온도를 낮추는 등의 작용으로 광합성량을 줄게 하고, 20m/sec 이상의 강풍은 잎을 손상시키거나 떨어뜨리는 피해를 준다. 특히 해풍은 염분을 실어서 조해(潮害)를 일으키는 경우가 있어 아주 해롭다.

(5) 지온

사과나무의 뿌리 생육 개시온도는 6.2℃로 알려져 있고, 20℃ 전후에서 왕성하나 30℃가 넘어가면 생장이 억제된다. 지온은 태양의 고도, 경사방향과 경사도, 재식밀도, 표토관리 방법 및 토양수분 등에 영향을 받는다. 지온이 낮은 봄철에 보온덮개나 투명 PE필름으로 피복하면 지온을 높일 수 있다. 특히 토양수분이 많으면 지온의 변화가 적고 토양수분이 적으면 지온 변화가 많다.

2 지형 및 토양

(1) 지형

과수원은 지형에 따라 여건이 매우 달라진다. 평지와 경사지에 위치한 과수원의 장단점 비교는 〈표 2-1〉과 같으며, 개원할 때 참조하면 개원 후 관리하는 데 유리하다.

경사지는 분지나 산골짜기를 이루는 곳이 많다. 분지에서는 밤에 산 위로부터 찬 기류가 내려와 한낮에 데워진 바닥공기를 밀어 올리고 아래쪽에 정체하므로 나무가 동해나 상해를 입기 쉽다. 한편 호수나 댐 주변의 과수원은 안개로 인해 일조가 부족할 우려가 많고 병해의 발생도 조장된다.

경사가 심하면 양분과 수분의 유실이 심해 생산력이 떨어지고 농기계 작업이 어려우므로 5% 내외의 약한 경사가 과수원 조건으로 적합하다. 다만 약한 경사인 7~15%까지는 관리만 잘하면 생산력이나 품질에서 어려움은 많지 않다.

표 2-1 평지 과원과 경사지 과원의 장단점

구분	장점	단점
평지	· 작업이 용이하다. · 지력이 좋은 경우가 많다. · 토심이 깊다. · 경영비가 적게 든다.	· 지형상 동·상해를 입는 경우가 있다. · 땅값이 비싸다. · 지하수위가 높고 배수가 불량하다.
경사지	· 땅값이 싸다. · 배수가 잘된다. · 동·상해가 적다.	· 토심이 얕고 지력이 낮다. · 토양이 유실되기 쉽다. · 작업이 불편하고 경영비가 많이 든다.

(2) 토양

가) 물리성

많은 수량과 좋은 품질의 과실을 얻을 수 있는 우량 사과원의 토양은 토성이 사양질이며, 심토까지 자갈이 적고, 경반층이 없으며, 유효토심이 60~80cm에 이른다. 경사도는 3~5% 정도가 가장 좋으며, 투수성 정도가 3.6mm/hr 이상 되어 수리전도도가 좋아야 한다. 또 과수는 뿌리 분포가 깊고 넓어야 하기 때문에 지하수위가 생육에 밀접한 영향을 미치는데, 일반적으로 100cm 이하인 곳이 적지가 된다. 또한 사과나무의 뿌리 발달은 토양경도(산중식)가 20mm 정도일 때 가는 뿌리의 발달이 좋고, 26mm 이상이 되면 뿌리 발달에 지장을 초래하며, 토양 중에 자갈 함량(직경 2mm 이상)이 35% 이상이면 좋은 여건이 될 수 없다.

나) 화학성

사과나무가 잘 생장하기 위한 토양의 화학적인 요인은 토양산도 6.0~6.5 정도, 유기질 함량 25~35g/kg(건조토양), 유효인산 200~300mg/kg이 적정 조건이고, 치환성 칼리는 0.3~0.6Cmol/kg, 칼슘은 5.0~6.0Cmol/kg, 마그네슘은 1.2~2.0Cmol/kg으로 염기포화도가 80% 정도이며 이들 비율이 칼슘 60%, 마그네슘 15%, 칼륨 5%로 구성된 경우가 가장 이상적이다.

    토양의 pH가 5.0 이하로 내려가면 산성으로서 토양 중의 망간 유효도가 증가해 과다 흡수되어 적진병을 유발한다. 반대로 토양이 알칼리성으로 되면 미량원소인 철·아연·망간·붕소 등이 불용화되어 결핍증상을 보이는 일이 종종 발생한다.

제3장

품종

제3장 품종

1. 품종 선택 요령

심기 전에 충분한 시간을 가지고 품종을 선택하고 묘목을 준비해 둔다.

사과 묘목을 심는 시기는 곧 겨울이 오거나 봄이 되어 작업에 쫓기는 때이다. 따라서 미리 품종을 결정하거나 심을 준비를 하지 않으면 관수시설과 지주설치 등 심은 후 관리가 소홀하게 되어 묘목 고사율이 높아질 우려가 있다. 더구나 졸속으로 품종을 선택하면 두고두고 후회하게 되므로 적어도 심기 1개월 전까지는 묘목을 준비하도록 한다. 묘목은 재식 1년 전에 예약하는 것이 현명하다.

개원 예정지의 자연환경 및 사회적 여건을 고려한다.

사과는 재배 환경, 특히 기상 조건에 따라 품질이 크게 좌우되고 생리 장해나 병해충 발생 정도가 달라진다. 따라서 개원 후에 우량품질이 발휘될 수 있는 품종을 선택하는 것이 바람직하다. 사과 주산지간 경쟁을 피하기 위해서는 다른 지역에서 생산량이 비교적 적고 가격이 높은 품종을 선택하는 것도 중요하다. 재배상 특히 어려운 점은 없는지, 단위수량이 높은지 등도 생각해 최종 선택한다.

3 재배면적을 고려해 품종 수를 선택한다.

품종 수는 재배규모에 따라 결정하는데, 적은 면적에 많은 품종을 심을 경우 작업관리가 매우 어려워질 것이다. 또한 재배면적이 넓은데도 불구하고 적은 품종을 심으면 적과나 수확 등의 작업이 일시에 몰리기 때문에 노동력 분산 차원에서라도 수확기가 서로 다른 몇 가지 품종을 선택해야 할 것이다. 0.3ha 이내라면 3품종 내외, 1ha 정도면 4~5품종 내외, 1ha 이상으로 재배규모가 크면 4~6품종을 고려해야 할 것이다.

4 수확기를 감안해 품종 구성비율을 결정한다.

수확기별 품종 구성비율은 농가별 재배규모나 지역별·작목반별 출하 전략에 따라, 어느 시기에 나오는 품종을 주력 품종으로 할 것인가에 따라 달라진다. 대체로 재배규모가 1ha 이상이라면 조생종 10~15%, 중생종 30% 내외, 만생종 50~60% 정도로 하는 것이 무난하다. 인공수분을 하지 않아도 될 화합관계에 있는 우량품종을 선택하면 경영에 더욱 유리하다.

5 수분(受粉) 관계를 알아본다.

사과는 수분수로 20% 정도는 꽃가루친화성이 있는 다른 품종을 섞어 심어야 결실이 잘되며, 과실 내에 종자가 충분히 확보되어야 품질도 좋아진다. 기존의 과수원은 대부분 재배품종을 수분수로 이용하고 있으나 최근에는 꽃사과를 수분수로 이용하기도 한다. 수분수용 꽃사과 품종은 '만추리안', '프로페서 스프렌저', '메이폴', '데코벨', '팅크벨' 등이다.

6 국내에 재배이력을 가지고 있는 품종을 선택한다.

외국에서 과실 외관만 보거나 현지 종묘상의 얘기만 듣고 증식해 판매하는 경우가 많은데, 국내에서 적응성을 거치지 않은 품종은 실패할 확률이 매우 높다. 사과는 기상이나 토양 조건, 재배 방법에 따라 착색이나 과실 크기 및 생리장해 발생이 크게 좌우되기 때문에 반드시 국내 적응성이 검토되어 재배 기술이나 장단점이 파악된 품종을 선택하는 것이 안전하다. 신품종에 대한 막연한 기대감은 뜻하지 않은 경제적 손실을 초래할 수 있다.

7 대목은 확실한가 알아본다.

대목의 종류에 따라 재식 거리, 정지·전정 방법 및 기타 작업관리가 달라지기 때문에 대목의 특성을 파악하고 품종이 분명한가를 확인하는 것이 매우 중요하다. 또한 대목 길이, 자근묘 여부 등을 확인해야 한다. 이중접목묘보다 자근묘가 생육에 유리하며, M.9 자근묘의 경우 심을 때 대목은 10cm 이하로 노출시키는 것이 적당하다.

2. 주요 품종의 특성

1 썸머킹

국립원예특작과학원 사과연구소에서 1994년에 '후지'에 '골든델리셔스(Golden Delicious)'를 교배해 2010년에 선발한 조생종 품종이다. 숙기는 군위 기준으로 7월 하순이다. 과형은 원형이고, 과중은 270g이다. 녹색의 바탕색 위에 햇빛을 받는 쪽이 선홍색으로 착색된다. 당도는 12.8°Bx, 산도는 0.52%로 중만생종 품종에 비해 신맛이 많은 편이다. 맛과 외관이 좋아 풋과일로 유통되는 '쓰가루'를 대체할 수 있는 조생종으로 기대를 모으고 있다. 유목기에 원줄기(주간)로부터 발생되는 곁가지(측지)가 적어 빈 공간이 생길 수 있으므로 아상(芽傷) 처리로 필요한 가지를 유도한다. 탄저병에 비교적 강하나 수확전낙과가 다소 발생한다. M.9 자근묘를 심는 경우 세력 유지를 위해 대목부를 10cm 정도 노출시킨다.

2 시나노레드

일본 나가노과수시험장에서 1983년에 '쓰가루'에 '비스타벨라(Vista Bella)'를 교배해 1994년에 선발했다. 나무 세력은 중 정도이고, 나무 자람세는 개장형이며, 조기결실성이다. 숙기는 8월 상·중순경이다. 과형은 장원형이다. 과피색은 적색 내지 농적색이고, 고온에서 착색이 비교적 잘되는 편이다. 과중은 250~300g이다. 당도는 12~13°Bx이고,

산도는 0.4~0.5%로 신맛이 강한 편이다. 상온 저장수명은 1주일 정도이다. 탄저병에 약하다. 수확 전낙과는 적으나 수확이 늦어지면 과육이 갈변되고 저장력이 떨어진다. 밀증상(water core)이 발생할 수 있다. 수확이 늦어 과숙되면 분질화가 빠르게 진행되므로 2~3번 나누어 수확하는 것이 바람직하다.

3 선홍(鮮紅)

국립원예특작과학원에서 1992년에 '홍로'에 '추광'을 교배해 2001년에 선발했다. 숙기는 8월 중·하순이다. 과형은 원추형이고, 황녹색 바탕에 선홍색으로 착색된다. 과중은 300~350g으로 대과종이고 풍산성이다. 당도는 13~14°Bx이고, 산도는 0.3%로 맛이 좋은 편이다. 나무 세력은 중 정도이고 자람세는 개장성이며, '홍로'와 같이 단과지형(spur type) 품종이다. 과점이 커서 과피가 다소 거칠다. 수확이 늦거나 지나치게 대과로 키우면 열과가 발생한다. 착색기에 기온이 높거나 표고가 낮으면 착색이 나쁘므로 300m 이상 중산간지가 적지이다. 탄저병, 과심곰팡이병 및 반점낙엽병에 약하다. 꽃눈이 잘 맺히고 겨드랑꽃 발생도 많아서 나무 세력이 일찍 노쇠해지기 쉬우므로 대목 노출 길이는 10cm 내외로 하고 꽃솎기 또는 이른 열매솎기를 실시하는 것이 바람직하다. 열매솎기가 지연되거나 과다 결실된 경우 해거리 우려가 높다.

4 산사

일본 과수시험장 모리오카지장에서 1969년에 '갈라(Gala)'에 '아카네'를 교배해 1986년에 선발, 명명했다. 나무 세력은 중 정도이고, 반개장성이다. 숙기는 8월 중·하순이다. 과형은 원형 내지 원추형이다. 조생종으로서는 착색성이 좋아 황녹색의 바탕색에 홍색 내지 등홍색으로 착색된다. 줄무늬 발현은 뚜렷하지 않다. 과중은 200~250g으로 소과이다. 당도는 13°Bx, 산도는 0.4%이며, 과즙이 많고 향기도 있어 맛이 매우 좋다. 상온에서의 저장수명이 20~30일 정도로 저장력이 우수하다. 점무늬낙엽병·검은별무늬병에 강하고, 수확전낙과가 없다. 소과이고 단위면적당 수량이 적다. 동녹 발생이 비교적 많으므로 낙화 후 30일까지 유제·동제 및 계면활성제가 포함된 농약 살포를 피한다. M.26 대목에 접목한 경우 접목혹이 두드러지고 나무 세력이 떨어지기 쉬우므로 M.9 대목을 이용하는 것이 좋다. 나무 세력이 떨어지면 빈 가지가 생기기 쉬우므로 적절한 절단전정으로 열매가지를 확보한다. 새가지는 찢어지기 쉬우므로 가지 유인 시 주의한다.

5 쓰가루

일본 아오모리현 사과시험장에서 '골든델리셔스'에 '홍옥'을 교배해 선발한 것으로 1975년에 등록되었다. 나무 세력은 중 정도이며, 개장성이다. 숙기는 8월 중·하순경이다. 과형은 원형 내지 장원형이다. 과피색은 홍색이며, 줄무늬가 발현된다. 과중은 300g, 당도는 13~14°

Bx, 산도 0.3%로 맛이 우수하다. 녹 발생이 많다. 표고가 높은 일부 지역을 제외하고는 착색이 좋지 않고, 수확전낙과가 많다. '쓰가루' 재배적지라고 할 수 있는 표고 400~500m의 지역이라도 '하향(夏香)', '미스즈쓰가루', '호메이(芳明)쓰가루' 등 착색성이 개선된 변이품종을 선택하는 것이 좋다.

6 홍로(紅露)

국립원예특작과학원에서 1980년에 '스퍼얼리블레이즈'에 '스퍼골든델리셔스'를 교배해 1988년에 선발한 품종이다. 나무 자람세는 개장형이고, 과형은 장원형이고, 착색이 우수하다. 과중은 300~350g이나 보통 500g 이상의 대과를 생산하여 추석 선물용으로 출하한다. 당도는 14~15°Bx로 높고 산도는 0.25~0.31%로 낮다. 숙기는 9월 상·중순경이다. 수확 전에 기온이 높은 경우 수확전낙과가 발생한다. 단과지성이고 꽃눈이 잘 맺혀 과다 결실에 따른 나무 쇠약이 심하다. 중심과는 열매자루가 짧아 낙과가 되는 경우가 있으므로 과경이 긴 측과를 남긴다. 반점낙엽병·탄저병·역병에 약하고 줄기에 겹무늬썩음병이 발생하기도 한다. 나무 위쪽의 과실에 탄저병이 생기면 빗물에 의해 아래로 급속히 확산되므로 발견 즉시 제거해야 한다.

7 아리수

국립원예특작과학원 사과연구소에서 '양광'에 '천추'를 교배해 2010년에 선발한 품종이다. 나무 세력은 중 정도이고, 반개장성이다. 숙기는 지역에 따라 다소 차이가 있지만 '홍로'보다 약간 빠른 9월 상순이다. 과형은 원형이다. 과피색은 홍색이고, 성숙기 기온이 높은 지역에서도 착색이 잘된다. 과중은 285g으로 '홍로'보다는 작다. 당도는 14.0°Bx, 산도는 0.33%로 단맛과 신맛이 잘 어우러져 맛이 좋다. 단과지에 꽃눈이 잘 맺혀 수량 확보가 쉽다. 탄저병에 비교적 강하고, 수확전낙과가 거의 없다. '쓰가루'를 제외한 주요 재배품종과는 타가화합성이 높다. 상온에서 30일 정도 저장된다. 경남·전남의 해발고도가 낮은 지역을 제외한 전국에서 재배할 수 있다. M.9 자근묘를 심을 때에는 수세가 약해지는 것을 방지하기 위해 대목 노출 길이를 10cm 정도로 한다. 과다 결실하면 나무 세력이 떨어지므로 이른 시기에 꽃이나 어린 열매를 솎아준다. 일찍 꽃솎기한 경우 개화기에 저온피해를 받지 않도록 해야 한다.

8 시나노스위트

일본 나가노현 과수시험장에서 '후지'에 '쓰가루'를 교배해 육성한 것으로 1996년에 등록되었다. 숙기는 9월 하순~10월 상순경이다. 과형은 원형이다. 녹황색의 바탕색 위에 홍색 내지 농홍색의 줄무늬가 착색된다. 과중은 300g 정도이다. 당도는 14°Bx, 산도는 0.3%이고, 과즙이 많아 맛이 좋은 편이다. 상온 저장수명은 2주 정도이다. 조기결실성

이고 풍산성이며, 수확전낙과는 거의 없다. '천추'와는 꽃가루를 주고받을 수 없는 타가불화합성이다. 표고가 낮고 온도가 높은 지역에서는 착색이 잘 안 되므로 해발 300~500m 지역이 적지이다.

9 양광(陽光)

일본 군마현 농업종합시험장 북부분장에서 '골든델리셔스'의 자연교잡실생을 선발한 것으로 1981년에 등록되었다. 나무 세력은 중정도이고, 나무 자람세는 개장성이다. 숙기는 10월 상순경이며, 과형은 원형 내지 장원형이다. 과피색은 농홍색이나 줄무늬 착색은 뚜렷하지 않다. 표고가 낮은 지역에서도 착색이 비교적 잘된다. 과중은 300g이다. 당도는 14°Bx, 산도는 0.3%이며 특유의 향기가 있다. 수확전낙과가 거의 없고 풍산성이다. 상온 저장기간은 10~15일로 짧다. 반점낙엽병에는 강하나 탄저병에는 약하다. 과정부에 녹 발생이 많고, 고두병이 발생하기 쉽다. 질소 시비량이 많으면 고두병 발생이 심하므로 질소 과용을 피하고, 6월경에 주는 덧거름은 생략한다. 왜화재배에서는 나무 세력이 떨어지기 쉽다. 유목기에는 곁가지 발생이 어려우므로 아상(芽傷) 처리를 실시하고 자름전정으로 열매가지를 확보한다.

10 조숙계 후지

표 3-1 일본에서 육성된 '후지' 계열 조숙계 품종 및 육성내력

품종명	육성내력
료카노키세쯔(涼香の季節)	야마나시현 船中和孝가 '후지'와 '스타킹델리셔스'가 심겨진 사과원에서 발견한 우연실생, 1999년 등록
앙림(昻林)	후쿠시마현에서 발견된 '후지' 자연교잡실생
야타카	아키타현 平良木忠男가 발견한 착색계 조숙변이, 1987년 등록
홍장군(紅將軍)	야마가타현 矢萩良蔵가 1982년에 발견한 야타카의 가지변이, 1993년 등록
히로사키후지	아오모리현 大鰐勝四郎가 발견한 '후지' 조숙변이
호노카	'히로사키후지'로부터 선발한 대과, 착색계 품종

일반 '후지'보다 숙기가 30~40일 정도 빠른 '후지' 조숙계 품종에는 변이품종인 '야타카'와 '히로사키후지', '야타카'의 변이품종인 '홍장군', '후지'와 '스타킹델리셔스' 혼식원에서 발견된 우연실생 '료카노키세쯔'('료카') 및 '후지'의 자연교잡실생인 '앙림(昻林)'이 있다. '야타카'의 경우에는 돌연변이가 고정되지 않아 나무에 따라 숙기가 달라질 수 있는 문제가 있다. '료카노키세쯔'와 '홍장군'은 줄무늬 착색이 없는 전면 착색성인 반면 '히로사키후지'는 줄무늬가 중간 정도로 착색된다.

어느 품종이나 제때 수확한다면 품질은 무난하나 추석 이후 사과 값이 큰 폭으로 떨어지는 문제가 있어 현실적으로 경영이 어렵다. 농가에 따라 봉지씌우기와 비대제나 착색촉진제 살포로 간신히 착색시켜 추석용으로 내다파는 경우가 있는데, 더 이상 있어서는 안 될 일이다. 일본에서는 '히로사키후지'가 대표적인 조숙계 '후지' 품종이다.

11 감홍(甘紅)

국립원예특작과학원에서 1980년에 '스퍼얼리블레이즈'에 '스퍼골든델리셔스'를 교배해 1992년에 선발한 품종이다. 나무 세력은 강하나 단과지 결실이 많고 조기결실성이다. 나무 자람세는 개장성이다. 과형은 장원형이다. 과중은 400~450g으로 대과종이다. 봉지를 씌우지 않고 재배한 경우 과피색은 농홍색이 되며, 녹이 많이 발생한다. 당도는 17°Bx로 아주 높고, 산도는 0.48%로 '후지'보다 약간 높다. 숙기는 10월 중순이고, 상온 저장수명은 60일 정도이다. 곁가지 발생이 어렵고, 나무 세력이 떨어지면 빈 가지가 생기기 쉽다. 유목기나 수세가 강할 경우 열매자루 주변의 과육이 코끼리 코처럼 비대하는 상비과가 발생하거나 중심과와 주변과의 열매자루가 서로 접합되어 비대하는 경우가 있으므로 2번과를 남긴다. 녹 발생이 심하므로 유과기에 보르도액이나 유제농약을 살포하지 않는다. 봉지를 씌워 재배하는 경우 착색을 위해 봉지를 너무 일찍 벗기면 과피색이 검붉어지므로 수확 15~20일 전에 벗긴다. 고두병 발생이 많으므로 너무 큰 과실로 만드는 것을 지양하고, 유박이나 질소비료 주는 양을 줄인다. 필요한 경우 염화칼슘($CaCl_2$) 0.3%액을 8월 중순부터 9월에 걸쳐 7일 간격으로 4회 살포한다. 다만 늦은 시기에 살포하거나 살포농도가 높을 경우 잎 끝이나 테두리가 타는 약해가 발생할 수 있으므로 주의해야 한다.

12 홍옥(Jonathan)

미국에서 발견된 품종으로 소면적으로 재배되고 있다. 나무 세력은 약하고, 나무 자람세는 개장성이다. 숙기는 9월 하순~10월 상순경이다. 과형은 원형이고, 과피색은 농적색이다. 과중은 200~250g, 당도는 13°Bx, 산도는 0.6%로 신맛이 강하다. 향기가 많고 씹히는 감이 좋아 맛이 좋은 편이다. 주스나 요리용으로 적합하다. 상온 저장수명은 30일 정도로 짧다. 기온이 높은 지역에서도 비교적 착색이 잘되며 조기결실성이고 풍산성이다. 열매자루가 있는 과경부에 녹 발생이 심하다. 6월 낙과가 다소 발생하며, 수확전낙과가 심하다. 반점낙엽병에는 강하지만 검은별무늬병이나 탄저병에는 약하다. 생리장해인 홍옥반점병이나 고무병 발생이 많다. 수확이 빠르면 신맛이 강하고, 늦으면 홍옥반점병 등 생리장해가 많이 발생하므로 잘 익은 것을 2~3회 나누어 수확한다. 빈 가지가 생기기 쉬우므로 자름전정으로 필요한 열매가지를 확보한다.

13 시나노골드

일본 나가노현 과수시험장에서 1983년에 '골든델리셔스'에 '천추'를 교배해 선발한 것으로 1999년에 등록된 황색계 중만생종 품종이다. 나무 세력은 다소 약하며, 나무 자람세는 개장성이다. 숙기는 10월 중순으로 '후지'보다 2주 정도 빠르다. 과형은 장원형이며, 과피색은 황색이다. 과중은 350g 내외로 중대과이며, 육질은 단단하다. 당도는 13°Bx, 산도는 0.44%로 감산이 조화되고 과즙이 많아 맛이 좋다. 밀증상

이나 저장 중 내부갈변은 없다. 해에 따라 녹이 일부 발생하며, 탄저병에 약한 편이다. 저온저장 시 5개월 이상으로 저장성이 좋다. 단과지 형성이 잘되어 과다 결실에 의해 나무가 쇠약해질 수 있으므로 M.9 자근묘를 이용하는 경우에는 대목 노출 길이를 10cm 내외로 한다. 미숙과는 신맛이 강하므로 적숙기에 수확한다.

14 후지

일본 과수시험장 모리오카지장에서 '국광'에 '델리셔스'를 교배해 1958년에 '동북7호'로 발표하고, 1962년에 '후지'로 명명했다. '후지'를 부사(富士)로 부르는 것은 잘못된 것으로 반드시 후지로 불러야 한다. 나무 세력은 강한 편으로 반개장성이다. 과형은 원형 내지 장원형이다. 황색 내지 연녹색의 바탕색 위에 선홍색 줄무늬로 착색된다. 과중은 300g이나 보통 400g 이상의 대과로 키워 출하하고 있다. 당도는 14~15°Bx로 단맛이 많고, 산도는 0.4%로 신맛이 중간 정도이다. 과즙이 많고 과육이 아삭아삭해 맛이 좋다. 상온 저장수명은 90일이고, 1-MCP를 처리해 저온저장하면 150일 이상 저장할 수 있다. 과번무 상태로 되기 쉬워 밀식 장해가 발생하기 쉽다. 착색이 잘되는 과실 생산을 위해서는 우량 착색계 변이품종을 심는 것이 경영에 유리하다. 지나치게 큰 과실로 키우거나 질소가 과다한 경우 고두병 발생이 많다. 과다 착과하면 꽃눈분화가 나빠져 다음 해에 해거리가 발생하므로 적정 수준으로 결실량을 조절해야 한다. 늦게 수확하면 밀증상이 많이 발생하고 이를 장기 저장하면 내부갈변이 발생하기 쉬우므로 적기에 수확하고 과숙과는 즉시 판매한다. 갈색낙엽병, 검은별무늬병 및 반점낙엽병, 조피증상에 약하다. 겹무늬썩음병(부패병)에 매우 약하다.

15 후지 착색계 변이 품종

표 3-2 '후지' 착색계 변이품종

품종		육성내력
후지 기쿠8(기쿠8, 기쿠)		이탈리아 남티롤의 기쿠컴퍼니에서 선발한 착색계
피덱스(Fidex)		이탈리아 남티롤의 기쿠컴퍼니에서 '기쿠8'의 변이품종으로부터 선발한 착색계
후지 기쿠 후브락스 (Fuji Kiku Fubrax)		이탈리아 남티롤의 기쿠컴퍼니에서 선발한 바이러스 무독 'Kiku8 Brak'의 나무 변이
미시마계 '후지'	미시마(三島)후지	일본 아키타현 佐佐木郞成이 발견한 '후지'의 조기 착색계 '미시마후지'로부터 '2001후지', '라쿠라쿠후지', '후지로열' 등이, '라쿠라쿠후지'로부터 착색이 좋은 '백년후지'가 선발됨
	고마치(小町)후지	일본 아키타현립대학 神戸和猛登이 선발한 착색계
	베니호마레	일본 아오모리현 七戸茂夫가 선발한 착색계
	후지챔피언	일본 아오모리현 野村園芸農場에서 선발한 착색계
미라이(未來)후지		일본 후쿠시마현에서 착색계 '후지'로부터 선발된 우량계
미야비(宮美)후지		일본 아오모리현 伊藤透가 나가후계 '후지'로부터 선발한 착색계
나가후6		나가노현과수시험장에서 선발한 착색계
미야마후지		일본 나가노현 사카타(坂田)농원에서 일본 여러 지방에서 수집한 '후지' 변이지로부터 선발한 대과성 착색계 변이

국립원예특작과학원 사과연구소 시험포장에서 생산된 후지 착색계 품종의 품질을 비교한 결과 '후지 기쿠 후브락스(Fuji Kiku Fubrax)'와 '피덱스'가 10월 중순에 전분이 거의 소실되고 수확 시 당도도 1°Bx 이상 높은 것으로 평가되었다. 그러나 착색에 유리한 조건을 갖춘 지역에서는 변이품종간 품질 차이가 크지 않다.

16 최근 육성 품종

사과연구소에서 최근에 육성된 기타 품종으로는 7월 하순에 수확되는 극조생종 '썸머프린스(Summer Prince)', 숙기가 9월 하순으로 중소과 품종인 '피크닉(Picnic)'과 과피색이 황색인 '황옥', 과중이 90g 내외로 작고 상온 저장수명이 길어 급식용 사과로 유망한 '루비에스(Ruby-S)'가 보급 중에 있다.

〈썸머프린스〉　〈피크닉〉　〈황옥〉　〈루비에스〉

제4장

왜성대목 종류 및 주요 특성

제4장 왜성대목 종류 및 주요 특성

1. M.9

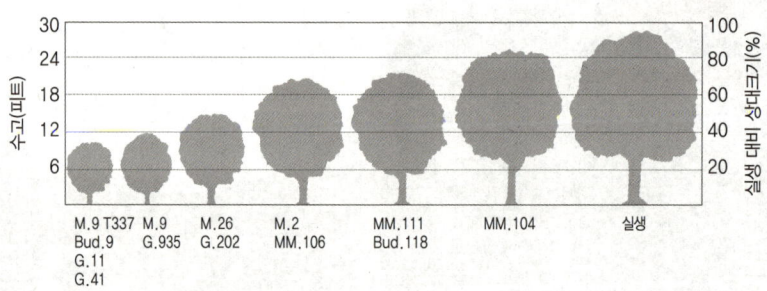

〈그림 4-1〉 왜성대목묘의 실생묘 대비 상대크기(1피트=30.5cm)

프랑스에서 자생하는 Paradise Jaune de Metz를 1919년 영국의 East Mailing 연구소에서 선발해 M.9라고 명명하였다. 실생대목에 비해 30% 정도 자라는 극왜화성 대목으로 반드시 지주가 필요하며, 비옥한 토양에서 재배해야 한다. 건조하거나 과습하면 수세가 불량해지므로 관·배수 시설을 해야 한다. M.9 자근묘를 이용하는 경우 정상적으로 재배하면 착색이 양호하고, 당도가 증진되며, 숙기가 약간 앞당겨진다. 기근속 발생이 심하고 유목기나 수세가 약하면 동해 발생이 심하다. 우리나라에서는 1990년대 이후 경북 지방을 중심으로 재배면적이 늘어나고 있으나 고도의 재배 기술이 필요하다.

2. M.26

　M.26은 영국 East Mailing 연구소에서 M.16에 M.9를 교배해 1929년에 육성한 대목으로, 우리나라에서는 M.9 자근대묘가 보급되기 전에 중간대목 방식으로 가장 많이 이용되었던 대목이다. 왜화도는 실생대목의 40% 정도이고, M.9보다 토양적응성이 넓다. 그러나 사질토양에서는 수세가 쇠약해지기 쉬우므로 반드시 관수시설이 필요하다. 토심이 깊은 양토에서는 나무가 너무 크게 자라므로 밀식장해가 종종 발생하기도 한다. M.26 대목에 접목한 사과 품종의 과실은 비교적 크고 착색과 식미 모두 양호하며 숙기가 M.9 정도로 빨라지는 경향이 있다. 근군(根群)이 약해 영구지주가 필요하다. 지상에 노출된 대목이 너무 길면 기근속(氣根束)이 심하게 발생해 수세 쇠약의 주요 원인이 된다. M.26은 역병에는 비교적 약하고, 내한성은 M.9보다 강하다. 재배기술이 미숙하거나 재배면적이 작아 수량을 많이 내기 위해 수고가 높은 재배를 원하는 농가, 동해로 고생하는 과수원에서는 곁가지가 있는 M.26 자근대묘를 재식하는 것이 더 바람직하다.

제5장
과원 조성

제5장 과원 조성

1. 개원 시 고려 사항

1 기상

　사과원을 개원하고자 할 경우 기상 환경을 가장 먼저 고려해야 한다. 사과는 서늘한 기후를 좋아하는 온대낙엽과수이므로 적지를 선정해 개원해야 한다. 최근에는 지구온난화에 따라 사과 재배 적지가 위도나 해발고도가 높은 지역으로 이동하고 있다. 동일 지역에서도 평난지보다는 경사지 또는 고랭지에서 과실의 품질이 우수하나, 고랭지에서는 개화기 늦서리 피해를 받는 경우가 있으므로 과수원 선정 시 가장 우선적으로 고려해야 한다.

2 토양 조건

　사과나무가 잘 자라는 토양은 사양토와 식양토이며, 물리성은 배수가 잘되는 조건을 갖추어야 한다. 점토질이 많은 경우 모래토양을, 모래 토양의 경우 점질토를 객토해 물리성 개량을 한 후 개원해야 한다. 배수가 잘 안 되는 점질토나 논토양의 경우는 기후적으로 아무리 적지라 하더라도 토양의 물리성을 개량한 후 과수원을 조성해야 한다.

3 사과단지 조성 여부

정부나 지자체에서 사과육성단지로 지정했거나 지정이 예정된 곳은 지원이나 기술 도입 또는 영농자재의 구입이 용이하고 편리하다. 타작목 재배 지역에서 '나홀로 사과원'을 조성하면 기술의 도입이나 영농자재의 구입이 불편하고 비용도 많이 소요된다. 개원하고자 하는 곳이 마을과 멀리 떨어진 곳이거나 산속의 독립 과원인 경우 ICT 농업을 위한 인터넷망 설치가 곤란하거나 병해충, 야생 조수류의 피해를 쉽게 받을 수 있으므로 사과원 조성 시 심사숙고해야 할 것이다.

4 유통 여건

사과를 생산하는 것도 중요하지만 앞으로는 판매·저장·유통을 고려해야 한다. 주위에 영농조합이나 원예농협, 공판장, 또는 대형 APC가 있는 곳이 좋다. 만약 직거래 판매를 하고자 할 경우에는 택배회사나 유통망이 가까워야 할 것이다.

2. 조성 계획 수립

사과원을 조성할 경우 우선 큰 틀에서 면적과 시설, 장비 등의 투자액 대비 소득 목표를 설정하고 세부 계획을 세워야 한다. 연간 소요노력 대비 고용인부의 비율 및 가능성, 작업비, 고속분무기(SS) 등의 장비를 이용한 생력화 방안, 관수를 위한 관정, 저장고와 일반 창고 면적 등에 적합한 투자계획을 세운 다음 과수원 농로 배치, 재식 거리, 재식열의 방향, 관배수시설, 지주시설 등 기본 계획을 구체적으로 자세하게 수립해야 한다.

3. 조성

1 토양정지

산지 또는 밭이나 논을 이용한 신규 조성 시에는 토양의 물리성을 조사해 개선하고, 필요한 경우 평탄 작업을 한다. 개식할 경우는 기존 과수의 남은 뿌리가 없도록 굴토하고 전 밭을 굴착기(포클레인)를 이용해 뒤집은 다음 석회 또는 퇴비를 사용한 후 평탄 작업을 한다. 이때 기존 밭이나 과수원인 경우 겉토양을 모았다가 관배수 지중 관리 시설 및 평탄 작업 후 그 위에다 겉토양 정지 작업을 하면 효과적이다.

2 암거배수시설

배수가 잘되지 않거나 지하수위가 높은 곳은 과수원 조성을 할 수 없다. 배수가 양호한 곳이라도 토양 정지작업 과정에서 구조가 파괴된 경우 나무가 정상적으로 자랄 수 없으므로 암거배수시설을 해야 한다(그림 5-1). 암거배수관은 재식열의 지하 80~100cm 부위에 포장의 경사 방향으로 설치한다. 이때 유공관은 부직포로 둘러싸고 그 주위에는 모래와 자갈을 채우는 것이 바람직하다. 과수원이 경사가 없어 암거배

수관을 설치할 수 없을 경우에는 재식열을 골보다 50cm 이상 높은 이
랑으로 만들어 재식한다.

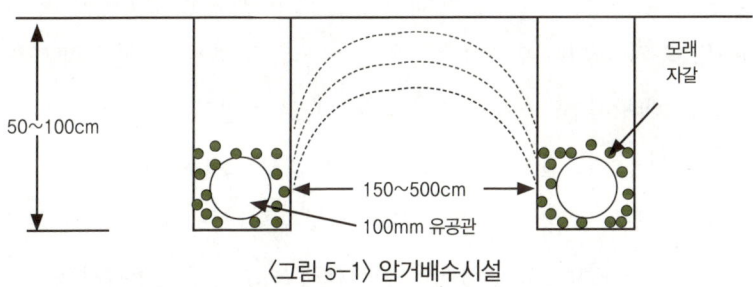

〈그림 5-1〉 암거배수시설

3 토양개량

경사지 신개간지를 이용한 과수원 조성 시는 80~90cm 깊이로 굴
토한 다음, 비옥한 경작지 토양이 있을 경우 이 토양으로 객토한 후 나
무를 심으면 효과적이다. 만약 산의 경사도가 높아 절토를 해 평탄 작
업을 하고 개원을 할 때는 절토해 메워진 성토지역과 절토한 지역의 토
양이 완전히 다르므로 1~2년 토양 숙전화 및 예정지 관리를 통해 토
양의 비옥도 증진 등 토양 개량을 한 후 재식해야 한다. 기존 과수원을
개식하는 경우는 기지현상을 예방하기 위해 모래토양에서는 사양토를,
점질토 과수원에서는 하천의 모래토양을 30cm 깊이로 전면 객토하는
것이 효과적이다. 아울러 기존의 뿌리 같은 잔존물은 제거하고 심었던
재식열을 피해 재식 구덩이를 깊이·넓이 모두 100cm 내외 크기로 굴토
한 후, 퇴비와 석회를 충분히 주고 아울러 객토를 하는 것이 좋다.

퇴비(유기물)는 잘 부숙된 것을 시용해야 토양구조가 개량되어 사과
나무의 생육이나 결실에 효과적이다. 10a당 퇴비 시용량은 과수원에 객
토를 하지 않았거나 경작토를 객토한 경우에는 3~5톤, 절토 또는 심토

의 척박한 토양에서는 10톤 이상이 좋다.

　퇴비는 우분·돈분·계분 등 질소질이 많은 유기물의 비율을 낮추고 톱밥·산야초·나무껍질 등의 비율을 높여 질소 함량이 0.3% 이내가 되도록 해 완전히 부숙시킨 것을 사용한다. 토양개량제인 석회 사용은 사과 재배 시 pH 6.0~6.5가 적당하므로 토양의 pH를 조사한 다음 석회 사용량을 결정한다. 석회는 보통 200~400kg/10a를 사용하고 재식 구덩이에 충분한 양을 사용한다. 인산비료 사용은 토양검정을 실시해 부족한 양을 보충하고 신개간지 토양의 경우 용과린 200~400kg/10a를 사용한다.

　토양개량을 하려면 먼저 객토를 하지 않은 곳에서는 퇴비와 석회는 전량 사용해 트랙터로 깊이 경운한 다음 로터리를 해 토양과 잘 섞이도록 하고, 화학비료는 토양검정 결과에 따라 사용하고 같은 방법으로 반복한다. 객토를 한 경우는 퇴비와 석회, 인산을 시비한 후 섞어주고 경지 정리 시 모아둔 표토를 편 후에 나머지를 사용해 깊이 60~80cm까지 토양개량이 되도록 한다. 토양개량 작업이 끝난 다음에는 1년 정도 목초 또는 콩과작물을 재배해 토양이 안정화된 후에 사과나무를 심는 것이 좋다.

4 지주 설치

　묘목의 빠른 활착을 위해서는 바람에 넘어지거나 흔들리지 않도록 지주를 미리 설치해야 한다. 측지묘를 유인하여 빨리 과실을 착과시키기 위해서도 지주를 반드시 설치해야 한다. 지주는 재식 전에 설치하는 것이 가장 좋으며 늦어도 눈의 새싹이 나오기 전까지는 완료되어야 한다. 지주의 길이는 구성될 수형의 높이에 따라 결정한다.

(1) 개별 지주

자재 구입과 설치가 용이하고 작업 시 열간 이동이 편리하며 태풍 시 피해가 적다. 경사지 과수원이나 소규모 필지에 적합하다. 그러나 유인 작업이 불편하고 지주 비용이 많이 든다. 지주 자재는 목재류, PVC, 시멘트, 철재류가 있으나 설치 비용을 고려해야 한다. 철제 파이프는 부식방지 도금이 된 것으로 외경 40mm 이상, 두께 0.9mm 이상을 사용하고, 지주 길이는 4~6m로 해 70~90cm 깊이로 박아 고정시킨다. 나무와의 사이는 나무가 크는 것을 고려해 10cm 정도 띄운다.

(2) 철선울타리(Trellis)식 지주

개별 지주식보다는 설치비가 절감되며 유인작업이 용이하고 대규모 평지 과원에 적합하다. 그러나 작업 시 열간을 건너다닐 수가 없고 태풍 시 열 전체가 넘어질 수 있으며 지형이 복잡하거나 소규모 과원에서는 부적합하다. 설치 방법은 열별 양끝의 주된 지주는 1m 깊이로 묻고 버팀 지주목을 설치해 바람에 의해 쓰러지지 않도록 잘 고정한다. 철선울타리의 길이는 50m 이내로 하고 사이지주는 0.7~0.9m 깊이로 묻고 5~7m 간격으로 설치한다. 철선은 주된 지주 부분에 당김고리를 넣어 2~2.3m 높이에 사이지주 중간 부위와 연결해 팽팽하게 조인다. 당김선의 상하단 철선 간격은 1.0~1.5m로 전체 4~5줄을 설치한다.

4. 재식

1 묘목 준비

묘목은 본인이 직접 생산하거나 사전에 묘목업체에 예약해 구입·준비한다. 묘목은 자근대목의 뿌리가 충실하고 접목 부위까지가 25cm 정도 되어야 하며, 접목 부위로부터 10cm 부위에 원줄기 직경이 13mm 이상 되어야 하고, 접목부 상단 40~50cm 위쪽으로 30~60cm 길이의 곁가지가 10본 이상 발생된 것이 좋다. 또한 가지의 세력이 고르게 배치되고 분지각도가 넓은 것이 좋은 묘목이다.

표 5-1 재식 시 묘목 소질별 재식 2년차의 생육 상황 (사과연 '97)

구분	곁가지수	착과수(개/주)	꽃눈수(개/주)	신초길이(cm)
회초리묘	0	0	16	70.9
곁가지묘	3	5	28	58.8
	5	10	40	51.7
	7	15	53	44.9

2 재식열의 방향

재식열은 햇빛을 많이 받게 하기 위해서는 남북 방향으로 해야 한다. 경사지에서는 등고선식으로 심는 것이 좋으나 약제 살포를 위해서는 고속분무기(SS)가 다닐 수 있는지에 따라 결정하는 것이 좋다. 바람 피해가 예상되는 곳에서는 바람이 지나가는 방향으로, 봄철 개화기에 늦서리 피해가 예상되는 지형에서는 냉기류가 흘러가는 방향으로 열을 두어야 한다. 열의 가장자리 둘레는 트랙터 또는 고속분무기(SS) 등의 작업기들이 잘 회전할 수 있도록 5m 정도 거리를 두는 것이 좋다.

3 재식거리

사과나무의 재식거리는 대목의 왜화도, 수형, 토양비옥도, 농기계 이용 및 농가의 재배 기술 수준에 따라 결정해야 한다. 재식해야 할 면적이 좁다고 초밀식으로 재식하면 5~6년 후 밀식피해를 받게 되는 경우가 있으므로 초보일수록 안전한 거리를 두고 재식하는 것이 좋다. M.9 대목은 3.5~4.0m(열간) × 1.5~2.5m(주간)가, M.26 대목은 4~5m × 2.5~3.5m가 적당하다.

4 재식 구덩이 파기

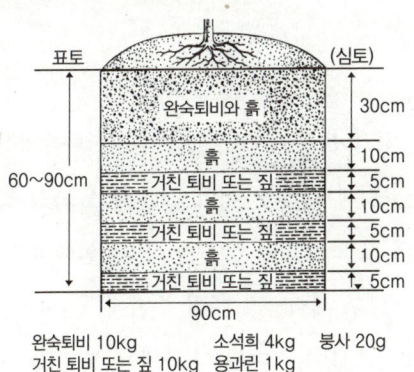

〈그림 5-2〉 사과나무 묘목 재식 방법

포장을 전면적으로 굴토해 개량했으면 재식 구덩이를 크게 파지 않아도 되며, 묘목의 뿌리를 잘 펴고 심을 정도의 크기면 된다. 1년 전에 토양을 굴토하고 초생재배를 한 곳에서는 장차 뿌리가 잘 뻗어나갈 수 있게 크게 파준다. 재식 구덩이 준비는 재식 1~2개월 전에 해 퇴비와 석회 및 인산비료를 혼합한 후 〈그림5-2〉와 같이 되메운 후 재식한다. 객토를 했거나 지력이 낮은 곳에서는 구덩이에 완숙퇴비를 흙과 섞은 후에 재식한다. 화학비료(질소·칼리)는 재식 시는 사용하지 않는 것이 활착과 조기 수세 안정에 유리하다.

표 5-2 재식 구덩이 크기 및 섞어 넣어야 할 재료의 양 (단위: kg/주)

구분	구덩이 크기(넓이 x 깊이)		
	90 x 90cm	90 x 60cm	60 x 90cm
미숙퇴비	12	10.0	-
완숙퇴비	8	6.5	4
석회	3	2.5	1
용성인비(용과린)	1	1.0	1

*신개간지에서는 붕사(30g/주) 시용

5 재식 방법

(1) 재식 전 묘목의 처리

준비된 묘목은 재식 전 하룻밤이나 반나절 동안 뿌리를 물에 담가 두었다가 전착제를 넣은 지오판수화제 또는 베노밀수화제 1,000배액에 10~20분간 담가 토양전염성 병균을 소독한 후 재식한다.

(2) 재식 요령

묘목은 재식 전에 뿌리가 손상되거나 마르지 않도록 주의한다. 재식 깊이는 대목의 길이나 구덩이의 크기에 따라 차이가 있으나 묘목의 접목 부위가 지면 위에 10~20cm 정도 노출되게 심어야 한다. 심을 때는 뿌리를 잘 펴서 뿌리 사이로 흙을 고루 채워넣고 뿌리 주변에 공간이 생기지 않도록 충분하게 관수를 하고, 물이 스며든 다음에는 복토를 하고 밟아 준다.

(3) 수분수의 혼식

사과는 자가불결실성 과수이기에 화합성 높은 다른 품종을 수분수로 심어야 한다. 주품종의 수분수는 경제성이 있는 다른 품종을 섞어 심어야 한다. 수분수로 꽃사과 품종을 이용해도 효과적이나 해에 따라 개화기가 다르므로 2~3품종을 심는 것이 안전하다. 재배품종은 수분수로 재식할 경우 수확기 약제 살포 등을 고려하여 20% 정도를 4~5열마다 1열씩 심는 것이 좋다. 꽃사과의 경우는 10주마다 1주씩 심고 수분 효과를 높이기 위해 사과원에서 고르게 배치하여 심으면 효과적이다.

(4) 가을심기와 봄심기의 차이점

가을에 묘목을 심으면 땅이 얼기 전까지 뿌리가 잘 착근한 후 다음 봄에 일찍부터 왕성하게 생장하므로 2~3년 후부터 결실을 시킬 수 있다. 그러나 겨울에 동해(凍害)를 받을 우려가 있는 곳에서는 봄심기가 안전하다. 가을에 재식 구덩이를 준비한 후 봄에 심으면 동해나 건조피해를 줄여 고사주를 줄일 수 있다. 봄에 재식할 경우에는 가을심기보다 재식 당년의 생육이 떨어질 수 있으나 잘 관리하면 1년 후에는 차이가 없다.

(5) 재식 후 관리

재식 시 물을 충분히 주어야 하지만 관수시설을 하지 않은 경우에는 재식 후 한발을 대비해 나무 주위에 골을 파고 주당 10~20ℓ의 물을 관수해 주거나 재식 후 짚·산야초 등으로 묘목 주위를 멀칭한다. 묘목은 바람에 흔들리지 않도록 고정해 주고 곁가지를 유인해 준다. 곁가지가 없는 경우 곁가지가 잘 나오도록 5월 중하순까지는 아상 처리를 하는 것이 효과적이다. 비료분이 부족한 경우 신초 발생 초기에 주당 복합비료(21-17-17) 25g 정도를 수관 하부에 사용하고 표토를 가볍게 긁어준다.

(6) 배수로 설치

 사과는 토양수분에 민감하게 반응하므로 토양수분이 적절하게 유지되도록 배수로를 설치하거나 관수시설을 해 주어야 성공할 수 있다. 비가 내린 후 땅속의 물이 곧바로 빠질 수 있도록 암거배수시설이나 지표면 명거배수시설을 설치해야 하고, 만약 외부에서 과수원 내로 흘러 들어오는 물이 있다면 둑을 쌓거나 과수원 주위로 배수로를 돌려 설치해야 한다.

제6장
수형과 정지·전정

제6장 수형과 정지·전정

1. 결과 습성

사과나무는 지난해 자란 새가지를 금년에 절단하지 않으면 그 새가지에 단과지나 중과지가 발생되고 그 가지 끝에 꽃눈이 형성되어 내년에 개화·결실하게 된다. 즉, 3년째에 열매를 맺는다. 그러나 '홍로'와 같이 2년생 가지에 좋은 열매를 맺는 품종도 있다.

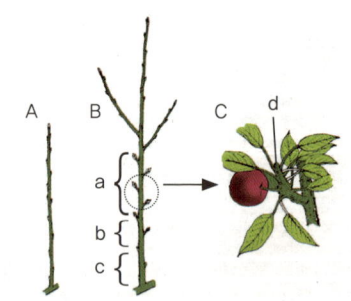

〈그림 6-1〉 사과나무의 꽃눈 맺힘과 결과 상태

A: 자람가지로서 끝눈과 겨드랑이눈 모두 잎눈임.
B: 자람가지가 1년 후에 꽃눈이 맺힌 모습. 자람가지의 선단에 있는 잎눈

은 자람가지로 자랐고, 중간 부위의 잎눈은 짧게 자라 꽃눈이 맺힌 단과지가 되었으며(a), 아래쪽의 잎눈은 중간눈으로 자랐거나(b), 움직이지 않은 채 숨은눈으로 남아 있음(c).

　C: 각 꽃눈은 다음해에 5개 정도의 꽃을 피우고, 1~2개의 덧눈이 있어 그해 꽃눈으로 발달하거나 길게 자라 자람가지가 되기도 하며, 중간눈으로 있다가 다음해에 꽃눈으로 발달하거나 자람가지가 되기도 함(d).

2. 수형

　수형은 재배 목적 달성을 위해 인위적으로 나무 전체의 발육을 조절하는 것으로, 각 품종별 생장 특성에 바탕을 둘 뿐만 아니라 토지·기상·재배방식·대목특성 등을 종합적으로 검토해 결정해야 한다.

　우선 원줄기의 유무에 따라 주간형과 개심형 두 가지 수형이 있다. 주간형은 영구적으로 원줄기를 키우는 방법이고, 개심형은 일정 기간까지는 원줄기를 유지하다가 적절한 시기가 되면 원줄기를 잘라서 수고를 낮추는 방법이다.

　대목의 종류에 따라서는 일반대목 사과나무의 소식거목 수형과 왜성대목 사과나무의 밀식재배 수형으로 크게 나뉜다. 일반대목 사과나무의 소식거목 수형은 토질이 불량한 산간 경사지 토양 또는 강변 사양토 지역에서 일본식 정지·전정·방법을 도입해 전정하고 있다. 왜성대목 밀식재배의 대표적인 수형은 키큰방추형, 세형방추형 및 솔렉스형이 있다.

　키큰방추형은 세장방추형의 미흡한 부분을 보완한 수형으로, 세장방추형은 키가 낮아 노력이 적게 소요되는 장점이 있으나 하단 측지에 나지(裸枝) 부분이 발생하고 키가 낮아 수량이 적은 편이다. 키큰방추형은 세장방추형보다 하단 수폭을 좁혀 나지 발생을 없애고 더 밀식하면서 수고를 높여 생산량을 증대할 수 있다.

세형방추형은 일본에서 개발한 수형으로 수형 구성방법이나 생산량 측면에서 미흡하다고 판단해 아오모리현 왜성사과연구회에서 30여년에 걸쳐 개발한 수형이다.

솔렉스형은 가지 유인을 훨씬 더 많이 하고 늘어진 수관을 형성하기 위해 갱신전정을 하지 않는 수형으로 Lespinasse가 1990년대 중반에 개발했다. 영양생장과 결실 간의 자연적인 균형을 이용하기 위해 직립지를 제거하고 아래로 늘어진 가지가 햇빛에 잘 노출되어 결실성을 좋게 하는 새로운 열매가지 정지 개념을 제안한 것이다. 그러나 골격지의 분지각도가 좁고 직립성으로 곁가지가 많이 발생하며 과실의 대부분이 열매가지 선단에 결실되어 가지가 길게 늘어지는 '후지'와 같은 품종에서는 이러한 개념이 적절치 않다.

표 6-1 후지/M.9와 홍로/M.9 품종의 수형 차이가 수량 및 소득에 미치는 영향 (단위: kg, 천원/10a)

구분	세형방추형		키큰방추형		세장방추형	
	수량	소득	수량	소득	수량	소득
7년생	4,185	9,686	4,189	11,719	3,860	6,905
8년생	4,950	9,256	4,870	8,542	3,080	5,136
평균	4,568	9,471	4,530	10,131	3,470	6,020

*자료: 한국농수산대학

3. 왜성대목 및 일반대목 사과나무의 수형별 정지·전정

1 왜성대목 사과나무 키큰방추형의 정지·전정

(1) 1년차(묘목 재식 후)

가) 전정 방법

주간과 경쟁 소지가 있는 가지와 원줄기 굵기의 1/3 이상 되는 가지는 우선 제거하고, 또한 분지각이 좁고 강한 사립지 및 지면에서 60cm 이하에 위치한 가지도 제거한다. 원줄기 하단부의 곁가지(측지)는 40~50cm를 남기고 절단하며, 특히 '홍로' 품종에서는 끝이 꽃눈인 곁가지(측지)는 꽃눈을 절단해야 한다. 이 외에도 상처가 발생된 가지나 병든 가지는 절단한다.

〈그림 6-2〉 후지 1년차 전정 전후

나) 1년차 생육기 관리

나무의 자람세를 최대화하고 보다 많은 꽃눈을 확보하기 위해 재배 관리를 한다.

- 원줄기의 최상단 곁가지에서 선단부로 주간에 7~10개 정도의 눈에 아상 처리를 한다.
- 분지각이 좁은 곁가지는 유인한다(이쑤시개·노끈 등 이용).
- 원줄기 선단은 연장지가 20cm 정도 자랄 때마다 지주에 묶어준다.
- 곁가지 선단부의 경쟁지는 새가지(신초)가 15~20cm 정도 자라면 가지비틀기(염지) 및 유인한다.
- 선단은 새가지가 15~20cm 정도 자라면 적심한다.
- 2차 적심은 꽃눈이 만들어지지 않은 가지에만 제한적으로 실시한다.

(2) 2년차 전정

나무의 자람세를 먼저 파악한 후에 수세에 맞추어 절단과 제거를 하며 원줄기 선단은 절단하지 않는다. 상부 전정은 굵은 가지와 원줄기 선단이 약한 경우 경쟁지를 제거한다. 되도록 가지 끝이 꽃눈이 되도록 하며, 또한 가지 끝이 꽃눈이 아닌 약한 가지일 경우 기부에서 20cm 정도에서 절단할 수도 있다.

하부 전정은 나무의 세력에 알맞게 전정 방법을 적용한다. 수세가 강할 경우는 솎음을 최소화하고 곁가지는 비교적 강한 눈에서 절단한다. 또한 수세가 약할 경우는 굵은 가지는 솎음전정을 강하게 적용하며, 측지는 비교적 약한 눈에서 절단하고 유인각도를 좀 더 크게 만든다.

곁가지의 자람세가 강하면 당해 자란 새가지의 2~3눈을 남기고 절단하고, 자람세가 약한 경우 당해 자란 새가지의 중앙에 위치한 강한 눈(약 20~30cm)을 두고 절단한다. 부가적으로 원줄기에 비해 굵은 곁가지나 꽃눈이 없는 하부 곁가지는 제거한다.

(3) 3년차 전정

가) 전정 방법

나무의 수세를 먼저 파악하되, 원줄기 선단은 목표 수고에 도달할 때까지 절단하지 않는 것을 원칙으로 한다.

상부 전정은 굵은 가지와 원줄기 선단이 약한 경우 경쟁지는 제거하며, 또한 끝이 꽃눈이 아닌 약한 가지일 경우 기부에서 20cm에서 절단해 활용할 수도 있다. 하부 전정은 나무의 수세에 따라 생리에 알맞게 전정방법을 적용한다. 수세가 강하면 솎음을 최소화하고 곁가지는 비교적 강한 눈에서 절단한다.

수세가 약하면 굵은 가지는 솎음전정을 강하게 적용하며, 곁가지는 비교적 약한 눈에서 절단한다. 또한 유인각도를 좀 더 크게 만든다. 곁가지 세력이 강하면 당해 자란 새가지의 2~3눈을 남기고 절단하고, 세력이 약한 경우 당해 자란 새가지의 중앙에 위치한 강한 눈(약 20~30cm)을 두고 절단한다. 굵은 가지나 꽃눈이 없는 하부 곁가지는 제거한다.

〈그림 6-3〉 후지 3년차 전정

나) 2~3년차 생육기 관리

- 지난해 자란 원줄기 연장지에 아상 처리를 한다(적기 : 3월 말~4월 초).
- 5월 중 새가지가 5~7cm 자랐을 때 이쑤시개로 유인한다.
- 새가지가 원줄기에서 15~20cm 자랐을 때 빵끈·추 등을 이용하여 유인한다. 나무 힘의 상태에 따라 적심 후 유인할 경우도 있다.
- 하단 곁가지는 강하면 추가적으로 유인한다.
- 겨울전정 시 절단한 곁가지에서 2~3개의 새가지가 15~20cm 정도 자랐을 때, 연장지는 적심하고 나머지는 비틀기를 한다.
- 곁가지상에 나오는 도장지도 비틀기를 하거나 유인한다.
- 상황에 따라 2차 적심을 제한적으로 실시한다.

(4) 4년차 전정

가) 전정 방법

나무의 수세 및 자람세에 따른 생리적 반응을 먼저 파악한다. 원줄기 선단 끝은 절단하지 않고, 가장 좋은 꽃눈을 엄선해 남긴다. 수세가 강한 나무는 수고를 약간 높이면서 주간 연장지를 약한 가지로 대체하고, 반면에 수세가 약한 나무는 주간 연장지를 그대로 둔다.

상부 전정은 굵은 가지는 무조건 제거하고, 끝이 꽃눈인 열매가지(결과지)를 두는 것을 원칙으로 한다.

열매밑가지(결과모지)일 경우에는 끝눈이 가급적 원줄기 가까이 위치하게 하며, 열매밑가지를 둘 경우 최대한 단순하게 가지를 둔다. 또한 많이 늘어진 가지는 제거한다.

하부 전정은 4년생까지는 수관 내 햇빛 듦이 나쁘지 않으므로 곁가지 수를 많이 줄일 필요가 없다. 곁가지상의 착과 수를 감안하여 유인이나 선단 절단을 통해 끝에 힘을 실어줄 수도, 뺄 수도 있다. 상부가 강할 때에는 솎음 기준을 다소 완화하고, 상부가 약할 때는 솎음 기준을 강하게 적용한다. 아주 강한 가지는 끝에 꽃눈이 되도록 하며, 곁가지상에는 열매가지만 두는 것을 원칙으로 한다.

〈그림 6-4〉 후지 4년차 전정

나) 생육기 관리

사과나무의 생장은 봄에 왕성하고 하지 전에 멈춰야 한다. 다시 말해서 나무를 만지는 것은 늦어도 6월 초까지 완료하고 그 이후는 아주 제한적으로 한다.

- 곁가지의 착과 수를 감안하여 유인이나 선단 절단에 의해 수세 조절이 가능하다.
- 상부가 강할 때는 솎음을 다소 완화하고, 상부가 약할 때는 솎음을 강하게 적용한다.
- 아주 강한 가지는 끝이 꽃눈이 되도록 한다.
- 곁가지에는 열매가지만 두는 것을 원칙으로 한다.

(5) 5년차 전정

'사과나무를 어떻게 하면 1년 내내 크리스마스트리 모양으로 유지할 수 있을까?'를 마음에 항상 새기면서 나무의 수세와 형태를 먼저 파악한 후 최대한 좋은 꽃눈을 엄선해 남긴다. 원줄기 연장지가 강한 나무는 약한 연장지로 대체하고, 아주 강한 나무는 선단 끝을 꽃눈으로 두고, 약한 나무는 원줄기 선단을 강한 가지로 두거나 강한 눈에 절단한다.

상부 전정은 원줄기 대비 비율이 굵은 곁가지는 무조건 제거하고, 끝이 꽃눈인 결과지를 두는 것을 원칙으로 한다. 결과모지일 경우에는 끝눈이 가급적 원줄기 가까이 위치하도록 하며 열매밑가지를 둘 경우 최대한 단순하게 가지를 둔다. 또한 많이 늘어진 가지는 제거하며 원줄기에 짧은 열매가지가 많이 확보되어야 한다.

하부 전정은 상부가 강할 때는 솎음전정 기준을 다소 완화하고, 상부가 약할 때는 솎음 기준을 강하게 적용한다. 오래갈 골격성 가지는 높이, 방향, 공간 상태, 가지 굵기 비율, 꽃눈 상태 등을 참조해 선택한다. 골격성 가지에서 햇볕을 가리거나 꽃눈이 없는 가지는 제거하고, 아주 강한 가지는 끝이 꽃눈이 되도록 한다. 곁가지상에는 열매가지만 두는 것을 원칙으로 하되 열매가지상의 착과 수를 감안해 유인이나 선단 절단을 통해 끝에 힘을 실어줄 수도 뺄 수도 있다.

〈그림 6-5〉 후지 5년차 전정

(6) 6년차 이후 전정 관리

- 수세(나무의 자람세)를 먼저 파악한다.
- 원줄기 연장지 처리
  - 강한 나무는 약한 연장지로 대체하고 아주 강한 나무는 선단 끝을 꽃눈으로 둔다.
  - 약한 나무는 원줄기 선단을 강한 가지로 두거나 강한 눈에 절단한다.
  - 수세가 안정기에 들어서면 상황에 따라 수고를 약간 낮출 수도 있다.
  - 성목이 되면 전정 정도에 따른 반응이 조금 둔하게 된다.
- 곁가지를 최대한 단순하게 관리해야 한다.
  - 경쟁지는 두고두고 머리를 아프게 한다.
- 되도록 좋은 꽃눈이 맺힌 젊은 가지를 엄선한다.
- 목표 착과 수를 정하고 착과수 대비 많은 꽃눈을 남기지 않는다.
- 골격성 가지에 너무 연연하지 않는다.

〈그림 6-6〉 후지 6년차 이후 전정

2 왜성대목 사과나무 세형방추형 정지전정

(1) 전정 방법

가) 유목기 관리(1~3년차)

대목 길이 30cm의 자근왜성대목(M.9) 묘목의 지상부를 10cm 노출해 4m×2m 재식하고, 이를 묘목의 소질에 따라서 적절한 방법으로 관리해 1년차 수고는 2~3m 이상으로 키운다. 1년차에는 곁가지를 제거하지 않으며(그림 6-6), 재식 1년차 동계에 원줄기상의 곁가지를 제거하고 아울러 묘목 주위 잡초 제거, 관수, 20~30일 간격 분시 등의 재배 조치를 취한다. 적심은 5월 중하순과 6월 중하순 2회 실시한다. 1회 적심으로 14일 정도 생육이 정지되는 효과를 나타내어 처지지 않는 튼튼한 곁가지를 구성하며, 곁가지의 굵어짐도 방지한다. 이는 적심 안쪽 눈의 발달로 꽃눈 만들기가 용이하기 때문이다. 유인은 수평으로 가지가 목질화되기 전에 실시하는 것이 좋으며, 양분의 흐름을 균일하게 하고 광투과율을 높여 많은 측지를 구성할 수 있다.

〈그림 6-7〉 재식 1년차 동계 원줄기에서 곁가지 제거 필요

나) 재식 2~3년차

재식 후 2~3년차는 영구 곁가지를 만드는 시기로 2년차에 원줄기상에 곁가지가 7개 미만 발생하는 경우 모두 제거하고 다음해에 다시 발생을 도모해야 한다. 2~3년차의 원줄기상의 꽃들은 일찍 제거해 곁가지를 만들어야 하며, 지상 2~3m까지 영구 곁가지를 25개 이상 발생시키는 것이 핵심이다.

특히 이 시기에 중요한 것은 곁가지의 배치이다. 곁가지의 길이를 더욱 길게 가져가 수확량을 증대(이론상 40%)시킨다. 효율적인 농약 살포를 위해서는 2.5m 이하 영구 곁가지는 X자형이 좋다.

이 목적을 달성하기 위해 원줄기 상에 3월 말~4월 초에 아상 처리, 5월 하순과 6월 하순의 적심, 추·끈·E클립을 이용한 유인을 철저히 해야 소기의 목적을 달성할 수 있다.

다) 3~6년차: 꽃눈 만들기와 수고의 완성

- 수관 확대(극대화), 곁가지 완성
  - 수세 조절용 사과 수확 : 과다 착과 위험(적심 후 만들어진 액화

에서 착과된 사과 품질은 좋지 못함)
- 2·3차 적심을 해 만들어진 측지에 과다하게 착과시킬 경우 품질 저하는 물론, 수세가 강할 경우 다음해에 해거리가 발생할 수도 있다.
• 유목기에 수세가 강한 것은 수관 확대에는 좋으나, 웃자람가지가 많이 발생될 수 있다. 극단적으로 수세가 강할 경우는 유인추를 사용해 열매가지를 만드는 것도 좋은 방법이다.
• 재식 거리 4m × 2m 이상이라도 수고는 3.8~4.5m 이상 유지해야 나무 사이의 간격을 조절할 수 있다.
• 세형방추형을 유지하기 위해서는 흔히 말하는 연차 부위와 적심을 한 바로 안쪽이 힘이 항상 강하게 되어 있다. 이곳은 힘이 모이는 곳이므로 유목기에는 사과 착과 부위이나 성목에서는 제거 대상으로, 특히 광투광율 관계에서도 중요한 부분이다.
• 세형방추형은 성목이 되어도 크리스마스트리 모양의 이등변삼각형 모양을 유지해야 한다. 굵어진 곁가지의 경우 제거하기 전에 단축하여 사용할수 있는지를 먼저 검토한다.

3년차 수관 형성 모양　　성목의 착과 수관모양

〈그림 6-8〉 세형방추형 수관 형성

〈그림 6-9〉 결과지(좌)와 정화아(우)

(2) 연차별 수형관리 요점

가) 열매가지 관리

- 영구 곁가지상 8개 이상의 결과지 만들기가 핵심이며, 짧은 단과지는 내년을 위해 적뢰하고, 중~장과지에서 사과를 착과시켜서 열매가지군을 만들어 간다.
- 사과 착과 방식은 수형과 상관없이 동일하게 진행되어야 한다.
- 4~5개의 끝눈(정아)에 사과 1개 착과 원칙을 지켜야 해거리는 물론, 내년의 좋은 꽃눈 생성과 수형 완성을 빨리 할 수 있다.
- 이것은 곁가지 및 열매가지에서도 동일하게 적용된다. 많은 꽃눈을 남기면 적뢰와 적과작업이 많아질 수도 있다. 하지만 특히 '후지'에서는 이 원칙을 그대로 유지하는 것이 좋다.
- 이상적인 열매가지 배치 시 곁가지와 90도를 유지하는 것이 좋으며, 이것은 햇빛은 물론 다른 열매가지들과도 겹치는 것을 방지한다. 영구 곁가지의 한 열매가지에 최대 3개를 착과시키는 것을 목표로 한다.
- 열매가지를 단순화시키고, 좋은 꽃눈을 확인하면서 전정을 실시한다. 말처럼 쉬운 것은 아니다. 많은 경험과 매년 전정을 통해 하나하나 기술을 익혀 나가야 한다.

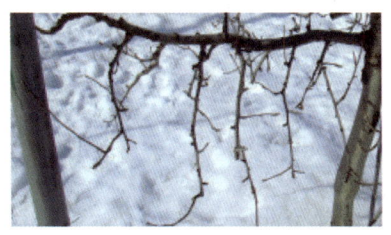 

〈그림 6-10〉 곁가지상의 열매가지는 직각형으로 형성   〈그림 6-11〉 상하 곁가지 방향을 X 자형으로 유지

- 고품질 사과를 다수확하려면 전정·적뢰·적과가 톱니바퀴처럼 연속성을 가져야 한다.
- 곁가지의 상하 방향을 X자형으로 유지해 곁가지의 길이를 재식 거리 내에서 최대한 활용하고, 열매가지의 정리는 약간 강한 듯 그러나 넘치지 않게 실시한다.

나) 열매가지 갱신

- 곁가지 및 열매가지 끝의 힘이 떨어지는 시기, 정부우세에 의해 꽃눈이 나빠지는 시기, 예비결과지가 있는 시기에 갱신한다.
- 착과량에 큰 변화가 없도록, 수세가 떨어지지 않도록 3년을 기준으로 계획적으로 실시한다.
- 결과지 갱신은 쉬운 기술은 아니다. 사과나무의 수관 확장이 더 이상 안 되는 수령에서 원줄기의 굵기는 매년 굵어져 가는데, 이러한 양상에서는 세심한 관리를 통해서만 나무의 수형을 유지할 수 있다.

다) 수형 및 곁가지 구성방법

같은 수형에서도 다양성이 존재한다. 초보자들이 범하기 쉬운 잘못이 여기에 있다. '강한 것은 강하게 잘라야 한다'와 '강한 가지는 약하게 잘라야 반발이 덜하다' 이 두 가지의 반대말이 최종적으로 같은 결론을 얻기 위함임을 명심하고 또 명심해야 한다.
- 수령 10년생 무렵부터 매년 3~4개씩 측지를 솎아주어 열매밑가지에 햇빛이 충분히 들어가 꽃눈이 충실하도록 한다.
- 곁가지를 배치하는 각도는 120도 혹은 180도로 하는데 아래쪽의 제1단 곁가지는 지상부 80cm 높이에서 남쪽 방향에 붙인다. 그다음부터 위쪽으로 올라가면서 나선형으로 가지를 배치한다.
- 곁가지에서 열매밑가지는 과대지를 이용하고, 곁가지당 열매밑가지는 최종적으로 6개로 한다. 곁가지상의 열매밑가지는 잎의 엽맥 모양으로 기부와 선단부는 좁게, 중앙부는 넓게 붙인다. 1개의 열매밑가지에는 2~3개의 과실을 착과시킨다.
- 나무 아래쪽의 곁가지에는 열매밑가지를 6개 정도 붙이고 열매밑가지당 과실을 3개씩 착과시키면 곁가지 1개당 18과가 착과된다.
  ① 최종적으로 고정 곁가지가 12개라면 216개의 과실을 착과시킬 수 있고, 원줄기 연장지에 직접 붙이는 열매밑가지가 8~10개면 24과를 착과시킬 수 있어 1나무당 240개가 착과 가능하다.
  ② 예를 들어 4.5×2.5m로 재식(88주/10a)한다면 이론상 약 7톤의 과실을 생산할 수 있다.

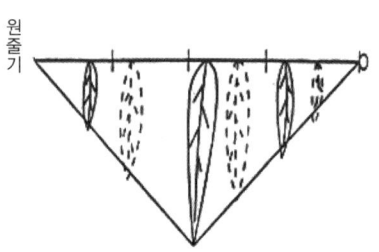

〈그림 6-12〉
하단 곁가지의 열매가지 구성

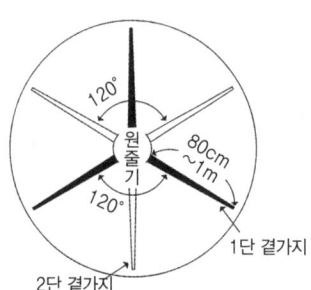

3단 곁가지는 1단 곁가지의 바로 위에
5단 곁가지는 3단 곁가지의 바로 위에 배치
4단 곁가지는 2단 곁가지의 바로 위쪽에 배치

〈그림 6-13〉
원줄기에서 발생한 최종 고정
곁가지(측지)의 배치도

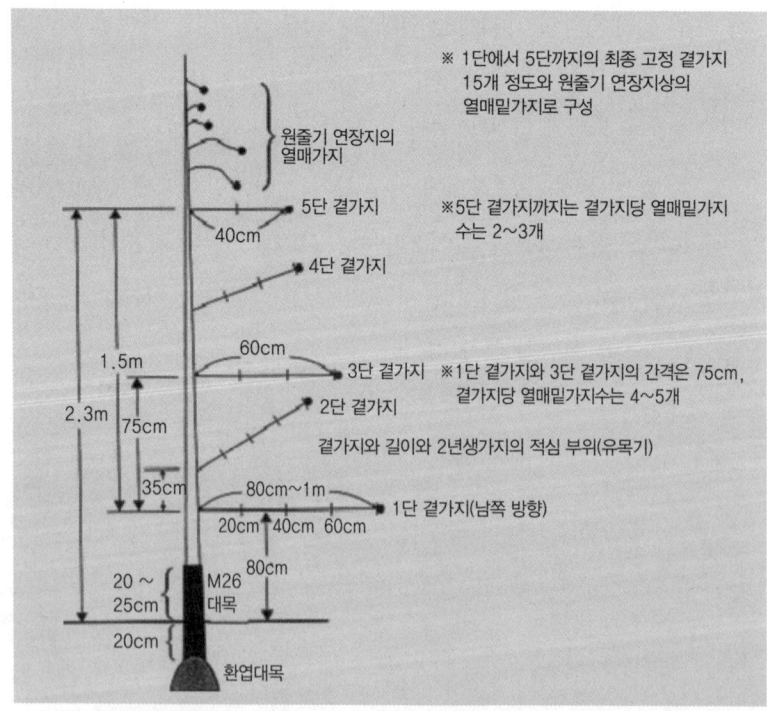

〈그림 6-14〉 세형방추형 수형의 성목기 수형 구성도

3 일반대목 소식재배 사과나무의 정지 · 전정

(1) 묘목 재식 후

- 재식한 묘목 길이의 1/3 정도를 잘라서 70~100cm 정도 남긴다.
- 봄이 되면 묘목에서 새순이 여러 개 자라는데, 새순의 길이가 10~15cm 정도 자랐을 때 지면에서 50~60cm 되는 곳에서 나온 새순과 그 위에 15cm 정도의 간격을 두고 나온 새순 및 정부(묘목을 심고 잘라준 부위)에서 나온 새순을 남기고, 나머지 순은 끝을 잘라주어 발육을 억제시킨다.

(2) 재식 2년째

- 정부에서 자란 가지는 원줄기가 될 가지로 곧고 튼튼하게 키워야 하므로 60cm 정도 남기고 잘라준다.
- 원줄기의 하단 가지는 원가지 후보지이므로 분지각도가 좁지 않도록 하며, 그 가지 끝을 1/3 정도 자른다.

(3) 재식 3년째

- 전년과 같이 원줄기 연장지 끝에 곧고 강한 가지가 몇 개 나오고 그 아래에 2~3개의 가지가 나오게 되는데 2년째와 같이 원줄기 연장지는 60cm 정도로 잘라준다.
- 원줄기 연장지 바로 밑에서 나온 1~2개의 가지는 세력이 강하므로 제거해 원줄기 연장지와 경쟁하지 않도록 한다.
- 원줄기 연장지와 경쟁이 되지 않도록 넓은 분지각도로 자란 가지 중에서 전년에 남긴 제1단 원가지와의 간격이 60~70cm 되고 방향이 120도 정도 어긋나게 붙은 가지를 선택해 제2단 원가지로 정

하고 그 선단을 1/3 정도 잘라준다.
- 그 외의 가지는 선정된 2단 원가지보다 약하게 자라도록 분지각도를 넓혀주거나 자란 후 순을 잘라주든가 해 2~3개 키워 나간다.

(4) 재식 4년째 이후
- 전년과 같이 원줄기 연장지를 잘라주고 경쟁지를 제거하며, 그 밑에 2~3개의 원가지 후보지 중에서 전면에 선택한 제2단 주지와 60~70cm의 간격에 120도 어긋난 방향의 가지를 3단 주지로 정하고 그 가지 끝을 1/3 정도 자른다.
- 이후에도 원줄기 연장지는 계속 키워 나가되 세력을 약화시키고, 선정된 제1·2·3단 원가지는 튼튼하게 키워 나간다.

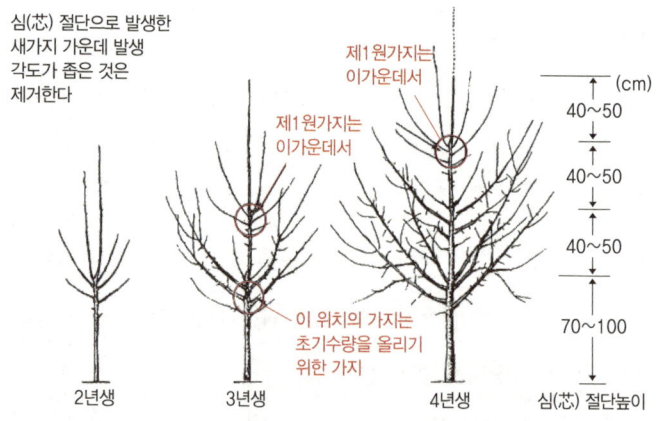

〈그림 6-15〉 일반대목 개심형 수형 유목의 전정

원가지 후보지는 새가지 끝을 절단하면서 만들어 간다. 지상 1m 이하의 가지는 초기수량을 올리기 위한 가지이기 때문에 약전정한다. 유인하면 많은 가지 수를 오랜 기간 둘 수 있다. 주지를 몇 단으로 만들 것인가는 재식밀도, 토양비옥도, 지형, 품종 등에 따라 달라진다.

- 이때 원줄기의 높이는 2m 정도 되고 원가지(주지) 3개, 덧원가지(부주지) 6~9개 정도가 되어 나무의 골격이 형성되며, 그 사이에는 임시가지가 있어 공간을 활용하게 된다.
- 3개 원가지 사이의 임시 원가지는 세력을 고정 원가지보다 약하게 키워 나가다가 6~7년째에 가서 3단 원가지의 세력이 원줄기보다 약하다고 생각될 때 원줄기를 제거해 개장시킨다.
- 각 원가지에는 기부로부터 1m 정도 떨어진 부위에 덧원가지를 붙이고 반대 방향으로 1~1.2m 간격으로 덧원가지 2~3개를 형성시킨다.
- 이때 주의할 것은 영구히 키워야 할 원가지나 덧원가지는 다른 가지보다 세력이 강하고 굵어 누가 보아도 나무의 골격으로 인정할 수 있도록 만들어 중간에 대체되지 않도록 해야 한다.
- 원가지나 덧원가지가 정확하지 못한 나무는 전정하는 사람이 바뀔 때마다 다른 가지로 골격을 대체시켜서 강전정이 되어 수관 형성이 실패하게 된다.
- 골격 형성 후 계속 덧원가지상의 곁가지만 갱신하면서 결실시키도록 해야 나무가 큰 상처 없이 건전하게 자랄 수 있다.
- 원가지의 수는 반드시 3개로 고정시킬 필요는 없다. 즉, 토양이 비옥해 나무가 왕성하게 자라면 원가지 수를 5~6개 남기고 그 후에 원줄기를 제거해도 된다.
- 품종 특성에 따라 가지가 처지는 품종은 원가지 수를 많이 남겨 나무 세력을 여러 개의 가지로 분산시킨다. 나무가 직립성이거나 토양의 비옥도가 중간일 경우 원가지 수는 3개 정도가 적당하다.

원가지의 정지·전정

- 원가지는 영구 원가지와 임시 원가지로 구분한다.
- 영구 원가지는 가지가 늘어지지 않고 비스듬히 일어서서 자라도록 그 끝을 매년 조금씩 절단한다.
- 그 외의 원가지는 영구 원가지가 완전히 자라 공간을 메울 때까지 빈 공간을 이용하기 위해 남겨둔다.
- 그러나 영구 원가지의 발육을 방해하는 가지는 제거하되 가능한 한 솎음전정해 과실을 많이 열리게 함으로써 그 세력을 차차 약하게 만들어, 가지 굵기가 원줄기보다 월등히 작아지면 잘라내어 나무에 공간이 생기지 않도록 한다.

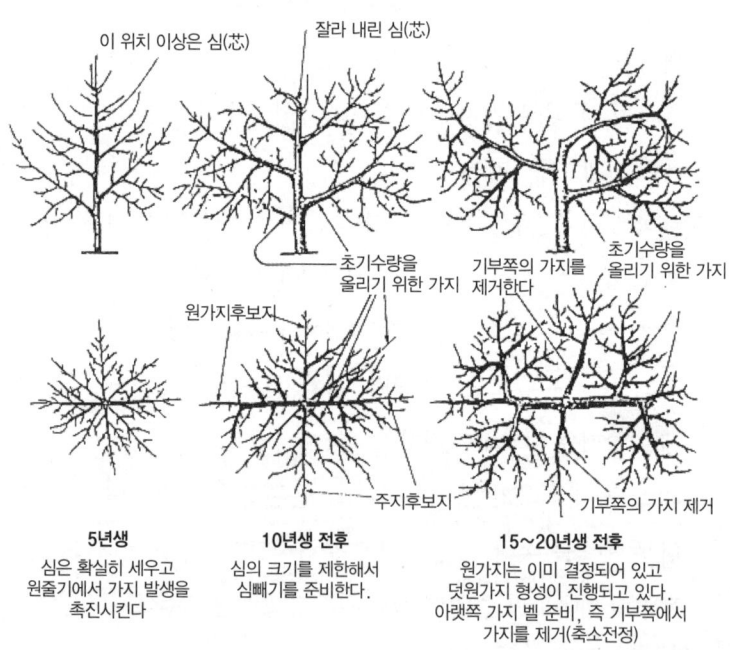

〈그림 6-16〉 유목에서 성목까지의 수형변천과 골격지 만드는 방법

덧원가지 정지·전정

- 덧원가지는 원가지의 양쪽 옆에서 나온 가지로 원가지당 2개, 나무당 4개를 15~20년간 만들어 간다.
- 덧원가지가 원가지의 위쪽에서 나오면 직립하면서 주지세력을 약하게 할 수 있다.
- 덧원가지는 항상 원가지보다 약하게 자라도록 한다.
- 덧원가지도 도중에 갱신하지 않도록 한다.

곁가지의 정지·전정

- 곁가지는 덧원가지에 붙는 가지로서 그 세력은 항상 덧원가지보다 약해야 한다.
- 곁가지는 가능하면 주지의 양옆에서 나온 가지가 좋고 50~60cm 간격으로 어긋나게 붙인다.
- 곁가지는 필요에 따라 항상 결실이 잘될 수 있는 젊은 가지로 갱신해 나간다.

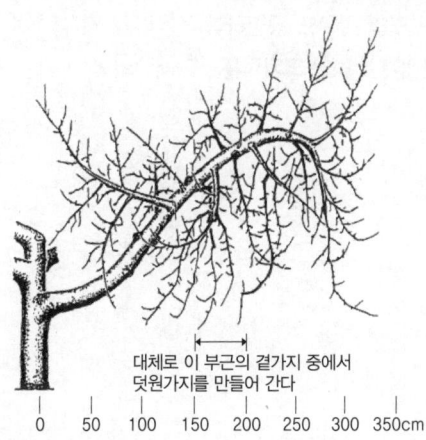

〈그림 6-17〉 덧원가지(부주지)를 구성하기 직전의 원가지와 곁가지(15~20년생)

열매가지 정지·전정

- 휴면기 전정 시 새가지를 자르면 꽃눈이 형성되지 않아 1년 늦게 결실하게 된다.
- 항상 발육시키고자 하는 가지는 절단하고 결실시킬 가지는 절단하지 않도록 한다.
- 밀생지는 솎음전정하고 성과기에는 과다 결실되기 쉬우므로 원가지 끝이 처지지 않도록 가지 끝부분의 결실을 제한한다.

〈그림 6-18〉
원가지 연장 부근의 곁가지와 열매밑가지

〈그림 6-19〉
열매밑가지 붙이는 방법

어린 원가지 연장부 부근의 곁가지는 사립, 수평, 하수한 것으로 구성되어 있으면 좋다. 덧원가지의 경우도 동일하다. 열매밑가지 상·하, 측면에 상관없이 붙인다. 열매밑가지가 수평이 되기 직전, 아래쪽의 작고 가는 가지는 잘라낸다.

제7장
결실관리

제7장 결실관리

1. 꽃눈 확보

1 꽃눈을 만드는 시기

사과나무는 지역이나 품종에 따라 꽃눈을 만드는 시기에 약간 차이가 있다. '후지' 품종의 경우는 7월 상순이지만 지역별로는 대구와 나주가 수원보다 1주일 정도 빠르다. 가지의 종류에 따라서도 차이가 있는데, 30cm 정도 장과지의 끝눈이 5cm 미만 단과지의 끝눈에 비해 20~30일 늦다. 또한 2년생 가지의 끝눈은 새가지상의 겨드랑이꽃눈(액화아)보다 5일 정도 빠르게 꽃눈이 분화된다.

2 꽃눈의 형성과 분화에 미치는 요인

(1) 수세

사과나무에서 꽃눈을 만드는 데는 과다 결실에 의한 양분의 불균형이 크게 영향을 준다. 열매솎기를 일찍 또는 많이 할수록 과실에 소모되는 탄수화물이 줄어들며 잎으로 전달된다. 이에 따라 잎이 빨리 왕성해지고 활동이 많아져서 그 결과 합성된 탄수화물이 가지 내로 축적되어 꽃눈이 만들어진다. 또한 나무당 착과 수가 적은 경우 종자 수가 줄어들어 종자에서 생성되는 지베렐린 함량이 감소되므로 꽃눈분화가 촉진된다. 그래서 해거리가 심한 품종일수록 열매솎기를 빨리 해야 한다. 조기낙엽이나 병해충의 피해로 수세가 약해지면 꽃눈의 이상분화가 일어나 가을에 꽃이 피는 경우에는 정상적인 꽃눈 확보가 어렵다.

(2) 전정

사과는 새가지를 강하게 자르면 나무 생장을 왕성하게 해 꽃눈의 형성을 억제시킨다. 단과지나 중과지 끝눈의 꽃눈에서 결실된 과실이 품질이 좋으므로 전정 시에는 단과지나 중과지를 많이 확보해야 한다. 강전정을 하면 단과지나 중과지보다 장과지가 많이 생겨 꽃눈분화가 적어진다. 나무를 방치하는 경우 수관 내부가 복잡해 햇빛을 받지 못해 꽃눈분화가 안 되므로 수세 안정을 위해 전정의 강도를 조절해야 한다.

(3) 기상 요인 등 기타

사과나무는 여름철 고온이면서 강우가 계속될 때 가지가 웃자라면 꽃눈분화가 억제된다. 또한 겨울 고온이 지속될 경우 저장 양분의 소모가 많아져 꽃눈의 성숙이 지연되어 이듬해 잎눈으로 남아 있게 하는 원인이 되기도 한다. 꽃눈 분화기의 토양수분 함량은 약간 건조한 것이 수분이 많은 것보다 가지의 생장을 정지시켜 꽃눈분화를 촉진한다.

2. 수분과 수정

　수분(受粉)이란 수술의 꽃가루가 암술머리로 옮겨지는 것이며, 수정(受精)은 꽃가루가 암술머리를 뚫고 암술대를 따라 뻗어 씨방까지 도달한 후 화분관 내에서 생성된 2개의 정핵이 하나는 난핵과 결합해 배를 형성하고 다른 하나는 극핵과 결합해 배유를 만드는 것이다.

　동일 품종간 수분을 자가수분(自家受粉), 다른 품종간의 수분을 타가수분(他家受粉)이라고 한다. 사과는 자가결실성이 매우 낮아 수분수 품종을 20% 심어야 한다. 수분수 품종은 건전한 꽃가루가 많고 주품종과 교배친화성이 높으며 개화기가 약간 빠르거나 비슷하고 경제성이 높은 품종을 선택해야 한다. 왜성사과 밀식재배의 경우에는 관리작업의 효율을 높이기 위해 꽃사과 품종을 수분수로 이용하고 있다.

　사과 꽃의 수정이 정상적으로 이루어지기 위해서는 암술과 수술의 화기가 완전하게 발육한 상태에서 기상과 환경 조건이 적당해야 한다. 화분 발아에는 개화기간 중의 온도가 중요하다. 사과 화분의 발아와 화분관의 신장은 10℃에서 가장 양호하고, 5℃ 이하의 저온이나 25℃ 이상 고온에서는 현저히 억제된다.

1 결실 불량 원인

　사과의 결실 불량 원인은 ①수분수에 이상이 있을 경우 ②화기의 불안정 및 불화합성 ③개화기의 기상 불량으로 인한 방화곤충의 역할 감소 등이다.

　수분수가 20% 이하로 재식되거나 교배불친화성이나 꽃가루가 없는 품종일 때 수분·수정 저하로 결실이 불량해진다.

  암술이나 수술 어느 한쪽의 화기가 불안전해도 결실을 할 수 없으며, 암술머리의 잎말이나방·흰가루병·모니리아병 등이 피해를 주는 경우도 마찬가지이다. 또한 암술머리에 부착된 화분이 발아를 하지 않거나, 강우에 의해 화분이 죽거나, 고온으로 암술머리가 건조할 때에도 수정이 이루어지지 않는다. 암술이나 수술에 이상이 없어도 3배체 품종의 불임화분이 암술머리에 부착되었을 때 배낭은 활력을 잃게 되고, 수분이 되어 화분관 신장이 되더라도 수정이 안 되었을 때에는 결실이 되지 않는다.

  개화기에 이상저온·강우·강풍·서리피해 등 기상이 불량하거나, 농약 살포로 인해 방화곤충의 활동이 어렵거나 화기에 피해를 주어 수분·수정을 못할 때도 결실이 불량할 수 있다.

2 인공수분

  인공수분이란 사람이 직접 꽃가루를 채취하거나 구입해 암술머리에 수분을 시켜주는 것을 말한다. 인공수분을 하면 안정적인 결실량 확보, 정형과 및 균일한 대과 생산으로 인한 품질 향상을 기할 수 있으나 경영비 가중의 원인이 되기도 한다.

  꽃가루 채취용 꽃은 수분 예정 3~4일 전에 채집한다. 비나 서리를 맞지 않고 농약을 살포하지 않은 곳에서 꽃 피기 직전의 꽃봉오리를 채집한다. 꽃가루가 많고 교배친화성이 높은 품종 또는 꽃사과의 화분을 이용할 수 있다. 채집 꽃봉오리 수는 수분 예정 꽃 수의 10% 정도가 필요하다. 채집한 꽃을 5mm 눈금의 체위에 놓고 손으로 문지르면 쉽게 약(葯, 꽃밥)을 채집할 수 있다. 불순물을 제거하기 위해 채집한 약을

2.5mm 체로 한 번 더 정선한다. 이렇게 수집한 약을 온도 20~25℃, 습도 70%에 보관하면 꽃가루가 분리된다. 꽃가루를 자연 상태로 저장하면 하루 정도만 지나도 활력이 떨어지므로 습도 40% 이하의 냉장고에 저장해야 한다. 양이 많을 경우 정선한 약을 병에 넣고 건조제를 넣은 후 솜으로 막은 다음 냉장고에 보관해 두었다가 꽃가루 필요 시 사용한다.

앞의 방법으로 준비한 꽃가루에 석송자를 3~5배로 섞어 증량한 다음 면봉, 붓 또는 인공수분기로 암술머리에 묻혀 주면 된다. 대부분 꽃들은 개화 1~2일 전부터 개화 후 3~4일까지는 수정 능력이 있으므로 개화 후 인공수분을 실시한다. 사과는 중심화 개화 초기부터 몇 차례 나누어 실시해도 좋으나, 대개 중심화가 50~60% 피었을 때 이슬이 마른 후 착과시킬 위치의 꽃에만 수분을 실시한다. 꽃가루 채취부터 수분까지 10a당 3인 정도 인력이 소요된다.

3 방화곤충의 이용

방화곤충은 꿀벌·머리뿔가위벌·호박벌·뒤영벌 등 여러 종류가 있으며, 기온·풍속·강우 등의 영향을 많이 받는다.

꿀벌은 13℃ 이상에서 활동하고, 머리뿔가위벌은 12℃ 이상에서 활동한다. 시간당 수분 활동은 뒤영벌이 높다. 기온이 낮고 구름이 끼거나 강우 시 또는 바람이 심하면 방화곤충의 활동이 어려우므로 결실을 안전하게 시키기 위해서는 인공수분을 실시해야 한다. 방화곤충을 이용하는 과원에서는 개화 전에 석회유황합제나 살충제 등의 약제 살포를 주의해야 한다. 머리뿔가위벌의 효율적인 활동 범위는 50~60m이며, 꿀벌을 방사할 경우 1ha당 2~3통을 배치한다.

3. 열매솎기

1 열매솎기(적과·摘果)의 필요성

사과는 개화~수정까지는 지난해 축적한 수체 내의 저장양분을 이용하고, 이후 잎이 나오면 탄소동화작용을 통해 동화산물을 만들어 과실의 비대를 촉진시킨다. 이때 많은 과실이 착과되면 영양분의 쟁탈이 심하기 때문에, 과실의 비대 촉진 및 품질 향상과 해거리 예방을 위해 불필요한 과실을 미리 솎아주고 필요한 과실만 남기는 적과를 실시한다.

2 시기

표 7-1 열매 솎는 시기에 따른 과실 크기 분포 (단위: %)

과중(g)	5월	6월	7월	적과 않음
250 이상	14.4	11.6	4.9	0.9
250~170	61.3	58.7	45.9	26.5
170~130	19.7	24.1	33.0	36.0
130~90	3.9	5.0	14.7	29.6
90 이하	0.7	0.5	1.5	6.5

열매솎기는 발육하는 과실의 갯수를 줄여 불필요한 영양분의 소모를 줄이기 때문에 착과 후부터 일찍 할수록 효과가 높다. 따라서 수체 내 양분 소모를 줄이기 위해서는 착과 후 열매솎기보다 꽃솎기(적화·摘花), 꽃솎기보다 꽃봉우리솎기(적뢰·摘蕾), 꽃봉오리솎기보다 전정 시 꽃눈솎기가 효과적이다. 낙화 후 10일경까지 꽃눈별로 1개의 중심과만 남기고 1차 솎은 다음 낙화 후 25일경 결실이 안정되면 최종적으로 결실시킬 과실을 남기고 솎아준다.

3 열매 솎는 정도

사과는 품종, 나무의 세력, 대목의 종류에 따라 열매솎기를 다르게 해야 한다. 과실의 모양이나 크기, 맛과 색깔을 고려해 열매를 솎는데, 일반적으로 과실 1개당 잎은 40매가 필요하고 과실을 크게 할 경우 60~70매의 잎을 기준으로 적과한다. 보통 세력이 안정된 나무에서는 끝에 있는 꽃눈 1개당 평균 13~15매의 잎이 발생하므로 3~5개 정화 꽃눈당 과실 1개를 남기면 적당하다. 수세가 강한 경우 열매솎기를 적게 하고, 유목이나 키우고자 하는 나무의 수세가 약한 경우에는 열매솎기를 많이 해 수세를 안정시켜야 한다.

4 열매 솎는 방법

가지 밑면에 착과된 과실은 햇빛을 잘 받지 못해 착색이 어렵고, 가지 윗면의 과실은 새가지(과대지·果臺枝)가 웃자라 나무의 세력 등에 나쁜 영향을 주게 된다. 따라서 되도록 열매가지 옆쪽에 있는 과총에 과실을 결실시키는 것이 좋다. 중심화에 착과된 과실이 모양이 길고 꼭지가 굵어 상품성이 높으므로 측과는 모두 솎아버리고 중심과만 남긴다. 측과나 겨드랑이꽃눈(액화아·腋花芽)에 착과된 열매는 크기가 작고 모양이 바르지 못하므로 결실이 불량한 경우를 제외하고 모두 솎아준다.

5 약제에 의한 꽃 및 열매솎기

(1) 약제 적화

석회유황합제 100~120배액을 만개기(꽃이 70~80% 개화 시)에 1회 살포하고 1일 후에 2회째 살포함으로써 이미 수정된 것을 제외하고 다른 꽃은 수정을 못하게 꽃을 제거하는 방법이다. 적화 효과를 높이기 위하여 고속분무기(SS)를 사용할 때에는 회전수를 700~800rpm으로 낮추어서 살포하고, 배부식 분무기를 이용할 때에는 꽃의 암술에 잘 묻도록 한다. 개화량이 적거나 기상이변으로 개화가 고르지 않을 때와 동해나 서리피해를 받은 사과원에서는 적화제를 살포하지 않는 것이 좋다.

(2) 약제 적과

사과 적과제로는 카바릴수화제(나크수화제) 600~800배를 낙화 후 7~10일 또는 과실 직경이 9~10mm일 경우에 살포하면 된다. 적화제 및 적과제의 경험이 많은 농가들은 적화제 살포 후 그 효과가 부족한 경우 낙화 후 카바릴을 1회 추가 살포함으로써 적과 효과를 볼 수 있다. 그러나 적과제는 품종·수세·기상조건·살포시기에 따라 약제 효과가 다르기 때문에 이용 시 주의해야 한다. 우리나라에서는 '후지' 품종이 주 품종이기 때문에 효과가 적고, 개화기 꿀벌의 피해가 우려되어 적과제보다는 적화제를 권장하고 있다.

제8장

토양관리

제8장 토양관리

1. 토양 생산력 요인

　사과나무의 토양적응성은 〈표 8-1〉에서와 같이 건조에 약하고 습해에는 중간 정도이다. 생산력은 사과나무의 생육 상태와 수량에 따라 평가되는데, 최근에는 과실의 품질을 더욱 중요시하므로 수량은 물론, 품질 향상에 역점을 두는 토양관리가 필요하다. 토양관리에서 수량과 품질에 관계되는 요인은 매우 다양하나 서로 복잡하게 관련되어 있으므로 실제로 사과원에서 수량과 품질을 동시에 높이도록 관리하는 것은 결코 쉬운 일이 아니다. 〈표 8-1〉에서 보는 바와 같이 사과나무는 양분이 풍부하고 토심이 깊어 물빠짐이 양호한 토양을 좋아하는 작물로, 토양의 물리화학적 성질이 이에 적합해야 나무의 생육이 적당하고 품질이 좋은 과실을 많이 생산할 수 있다.

표 8-1　사과나무의 토양적응성

토양조건	토심	토양반응	내건성	내습성	비료감응도
유기물이 풍부한 양토~사양토	깊어야 함 (60cm 이상)	미산성, 중성 (pH 5.9~6.3)	약	중	질소 과다 발생

1 물리적 요인

사과나무는 심근성으로 뿌리가 심토에 주로 분포하고 있어 생육은 하층토에 영향을 크게 받는다. 사과나무의 생산력과 가는 뿌리가 발달하는 토층 깊이의 관계를 보면, 가는 뿌리가 발달하는 토층의 깊이가 깊을수록 과실의 수량이 안정되고 높은 수량을 유지하는 경우가 많다(그림 8-1).

사과나무는 가는 뿌리가 많을수록 좋은데 이 가는 뿌리가 신장하는 토양구조에 관계되는 토양의 물리적 요인으로서는 토양의 삼상분포(三相分布 : 고상·固相, 기상·氣相, 액상·液相), 치밀도(緻密度), 투수성(透水性), 공극(空隙) 등이 있다. 특히 식물 생장에 알맞은 토양(100%)은 고상(=흙, 45%)과 유기물(5%), 기상(=공기층, 25%), 액상(=토양수분, 25%)으로 구성되어 있다.

우량 사과원은 고상 45~60%, 기상 10~30%, 액상 15~40% 범위 내에 있고, 불량 사과원은 고상 50~63%, 기상 10% 이하, 액상 30~50%일 때가 많다. 좋은 과수원을 만들려면 공극률은 45% 이상이고 입단이 잘 발달되어 기상비가 최소한 10% 이상인 토양을 선택하거나 그런 토양으로 만들어야 하는 것이다.

토양의 굳기, 즉 경도(硬度)는 뿌리의 신장과 밀접한 관계가 있어 〈그림 8-1〉과 같이 산중식경도계로 20mm 전후일 때 세근의 발달이 용이하고, 23~25mm일 때 보통으로 생육하고, 26mm 이상일 때는 심한 저해를 받으며, 29mm 이상일 때는 뿌리가 전혀 생장하지 못한다. 사과는 심근성 작물이므로 지하수위가 높아 토양 내 산소가 부족하면 뿌리가 피해를 입어 생육이 저하되고 수량이 감소한다. 지하수위는 표토에서 35인치(89cm) 이상 떨어져 있을 때 수량지수가 100이 되는 것(그림 8-2)으로 보아 사과가 잘 생육하려면 최소한 1m 이상은 되어야 한다.

표 8-2 사과나무 생육의 적당한 토양물리성

항목	내용	항목	내용
유효토심	60cm 이상	경도(산중식)	22mm 이하
세근분포	40~60cm	기상률(氣相率)	15% 이상
지하수위	100cm 이상	투수속도	3.6mm/hr 이상

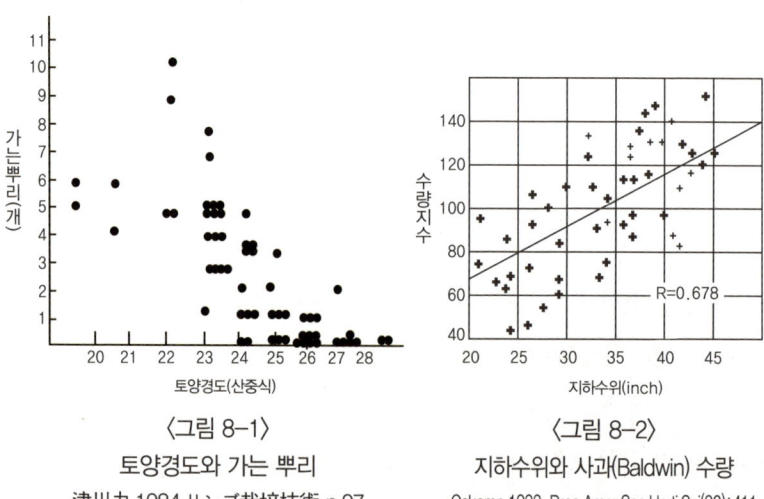

〈그림 8-1〉
토양경도와 가는 뿌리
津川力.1984.リンゴ栽培技術 p.97

〈그림 8-2〉
지하수위와 사과(Baldwin) 수량
Oskamp,1933. Proc.Amer.Soc.Horti.Sci(30):411

2 화학적 요인

사과나무의 생장이나 과실의 생산에 영향을 주는 토양의 화학적 요인으로는 염기치환용량(C.E.C), 양분함량, 염기포화도, 산도(酸度) 등이 있다. 특히 토양의 pH가 낮을수록, 즉 산도가 강할수록 양분의 유효도가 떨어지고 철·망간 등의 미량원소가 과다하게 침출되어 나무 생육과 수량이 감소하게 된다.

토양이 산성이면, 즉 토양용액 중 H^+가 많으면 이것이 사과나무에 흡수되어 세포액의 농도를 변화시켜 생육을 해롭게 하며, 토양용액의 활성 알루미늄(Al)이 사과나무 생육에 직접적인 해를 끼쳐 생육이 크게 억제될 뿐 아니라 다른 양이온의 흡수를 방해한다.

또한 토양이 산성이 되면 알루미늄 및 철과 결합해 인산의 불용화로 인산의 효과를 크게 저하시키고, 염기성 물질 특히 칼슘(Ca)와 마그네슘(Mg)의 결핍을 초래한다. 또한 산성에서는 유용미생물의 생육이 억제되며(곰팡이류는 산성에 대한 저항력이 강하나, 유기물을 분해하는 방사상균 및 질산균, 근류균 등 유용세균은 6.0 이상의 pH가 알맞다), 토양 중 양분의 가용화 등에 영향이 커서 사과원 토양의 적정 pH는 6.0~6.5 정도가 가장 알맞다. 토양 pH와 각종 식물 영양분의 유효도는 질소·인산·칼륨·칼슘·고토·유황은 pH 6.0에서 흡수도가 높고, 붕소·인산·망간·아연 등은 pH가 높아졌을 때 그 유효도가 급격히 낮아진다.

표 8-3 사과나무 생육의 적당한 토양화학성

pH (1:5)	유기물 (g/kg)	유효인산 (mg/kg)	Ex(Cmol/kg)			CEC (Cmol/kg)	염기포화도 (%)	B (mg/kg)
			K	Ca	Mg			
6.0~6.5	25~35	200~300	0.6~0.8	6.0~8.0	1.2~1.6	12~15	60~80	0.3~0.5

2. 토양개량

사과나무가 잘 생육하기 위해서는 심토까지 토양의 물리·화학성을 좋게 해야 한다. 사과원의 토양개량은 토층의 개량(심경, 폭기식 심

토파쇄), 유기물 시용, 석회 시용, 알맞은 시비관리 등을 들 수 있다.

1 물리성 개량

과수원에 심경을 하고 유기물을 시용하면 토양물리성이 개선되어 과수의 뿌리가 자라기 좋은 조건이 된다(표 8-4). 경도도 뿌리가 잘 자랄 수 있는 20mm 내외가 되었고, 조공극도 12~15%, 투수속도도 배수가 양호한 50mm/hr 이상이고, 가비중도 1.5g/㎤에서 1.2g/㎤로, 유효수분 함량도 9%에서 15%로 개선되었다.

5년 후에도 무심경은 토층 30cm 이내에 대부분의 뿌리가 분포한 반면, 심경처리구는 90cm 깊이까지 뿌리가 골고루 잘 발달한 것을 보여주었으며 뿌리의 양도 월등하게 많았다(표 8-5).

토양을 심경하고 유기물을 시용하면 근권 부위의 물리성이 개선되어 그 효과가 처리 후 4년간이나 지속되었다. 뿌리의 발달 및 간주비대가 촉진되고 개화율이 증진되어 수량이 현저하게 증대되고 과중도 증가했다(표 8-6).

표 8-4 물리성 개량이 사과원 심토의 물리적 성질에 미치는 영향(임정남등, 1975)

처리	경도 (mm)	투수속도 (mm/hr)	가비중 (g/㎤)	공극 (%)	조공극 (%)	보수력(%)		
						⅓기압	15기압	유효수분
무심경	26	26.4	1.52	42.4	9.0	28.0	19.0	9.0
심경 + 짚	19	51.7	1.21	54.3	15.8	31.5	17.0	14.5
심경 + 왕겨	20	52.0	1.24	53.2	12.2	31.7	16.5	15.2

*개량처리 5년 후 조사, 조사부위(40-60cm).

표 8-5 '심경 + 유기물시용'이 토심별 뿌리 분포에 미치는 영향(임정남 등, 1975)

토심 (cm)	개량 후 2년차			개량 후 5년차		
	무심경	심경+ 볏짚시용	심경+ 왕겨시용	무심경	심경+ 볏짚시용	심경+ 왕겨시용
	──────────────(뿌리 mg/100ml 토양)──────────────					
10~30	45.8	39.0	35.5	202.2	93.6	86.8
40~60	4.8	41.3	40.9	25.8	109.7	120.5
70~90	0	36.3	35.3	0	97.0	102.3

표 8-6 심경이 사과나무(후지) 생육 및 수량에 미치는 영향(津川力, 1984)

처리	간주(cm)				개화율 (%)	개수 (개)	수량 (kg/주)	평균 과중(g)
	1년 후	2년 후	3년 후	4년 후				
대조	15.3	19.8	21.0	25.3	32	106	32	302
심경(1)	15.0	20.2	24.8	30.6	56	162	51	315
심경(2)	15.2	21.8	26.4	33.1	64	162	52	321

*심경(1): 나무로부터 70cm 떨어진 곳에 40cm 폭으로 심경(흙에 무첨가 상태로 그대로 묻음)
*심경(2): 심경(1) 처리에 고토탄산석회, 용성인비, 부식질 개량제 투입

2 화학성 개량

토양에서 뿌리가 잘 생육하려면 토양 pH가 심토까지 6.0 정도가 되고 토양에 칼슘(석회)이 6.0Cmol/kg 있어야 한다. 석회는 뿌리가 있는 심토(지하 80cm)까지 공급되어야 하나 국내 실정은 석회를 표층 시비만 해 심토까지 석회가 공급되지 못해 토양 pH가 낮고 심토에 칼슘이 부족한 상태이다.

〈그림 8-3〉에서 보는 바와 같이 땅을 깊이 파고 석회를 20cm까지 전층 사용하면 표면에 사용했을 때에 비해 칼슘 흡수량이 3배, 40cm까지 전층 사용하면 5배로, 석회를 깊이 파고 사용할수록 칼슘의 흡수가 많았다. 〈그림 8-4〉는 석회를 표면 사용한 후 토양 깊이별 pH의 변화를 살펴본 결과로, 3년 7개월 후에는 20cm 정도까지 pH가 교정되었

고, 13년 후에야 비로소 50cm까지 교정되었다. 이는 토양 내에서 석회의 이동이 잘 안 되고 있음을 보여주는 것으로서, 석회는 개원 후 8~10년 동안 심경·전층(全層) 시비해야 흡수 이동 효과가 높을 것이며, 그 이후에는 표토에 시비해도 무방할 것이다.

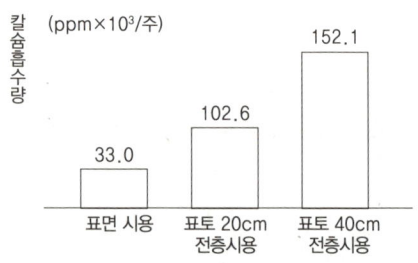

〈그림 8-3〉 비료의 시용방법과 과수의 Ca 흡수 (임열재 등, 1979, 농시연보 21(원예, 농공) p.21)

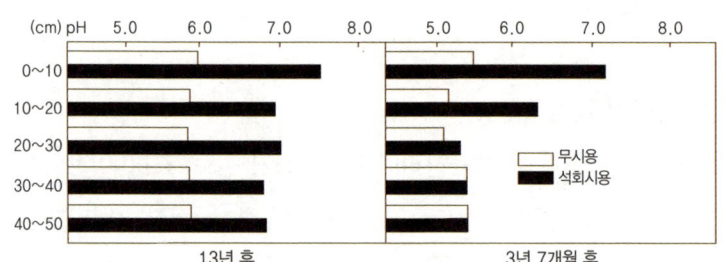

〈그림 8-4〉 석회 표면시용 후 토양 깊이별 pH 변화(津川力, 1984, リンゴ栽培技術, 養賢堂, p.101~102)

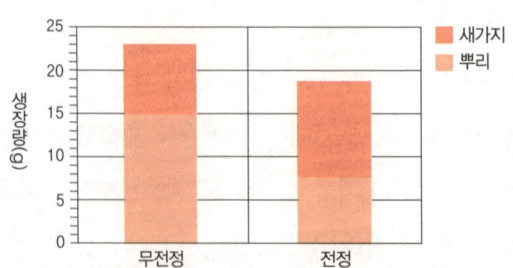

〈그림 8-5〉 전정이 사과유목 새가지 및 뿌리에 미치는 영향

3 심경 방법

과수의 뿌리 생육은 전정 강도에 영향을 받는다(그림 8-5). 전정구는 무전정구에 비해 새가지의 생장량은 많으나 뿌리량은 심하게 감소한다. 특히 성목보다는 유목기 강전정에서 뿌리의 양이 현저하게 감소한다.

과수는 재식 후 적어도 3～5년은 수형 구성을 위해 전정을 과다하게 하지 않을 수 없는 실정인데, 유목기 상태가 양호하지 않아 절단전정을 강하게 할 경우는 뿌리 신장을 매우 억제하는 결과를 초래한다. 따라서 유목기에는 뿌리의 신장을 좋게 하기 위해 심경과 유기물 사용을 병용해 토양조건을 좋게 만들어야 사과나무가 충실하게 자랄 수 있을 것이다.

기존 과수원의 심경은 근군의 확대에 따라 점차 외곽으로 넓혀 나가야 한다. 이미 심경한 부분과 새로 심경할 자리는 반드시 연속되어야 한다. 중간에 단단한 층이 남아서 뿌리의 발달을 막는 일이 없게 하기 위해서다. 뿌리가 과원에 전체 고루 분포되기 전에 심경해야 한다.

(1) 심경 방법

나무 둘레를 나이테 모양으로 심경하는 것을 윤구식이라 하며 나무가 어릴 때에 하는 방식이다. 연차적으로 둥글게 심경해 가는 것이다. 도랑식은 나무 사이를 도랑과 같이 깊게 파주는 방식으로 성목이나 어린나무에 모두 적합하다. 특히 배수가 좋지 못한 토질에서 배수를 겸해서 실시하면 좋은데 한꺼번에 노력이 많이 드는 결점이 있다. 왜성사과원에 적합한 방식이다. 성목이 되어 심경을 할 경우는 구덩이식이나 방사구식으로 해야 한다.

(2) 심경의 시기와 깊이

　재식 후에 하는 심경은 나무 뿌리가 끊기는 피해를 최소한으로 줄여야 한다. 그리고 나무의 생육활동이 정지되었을 때 실시해야 한다. 낙엽 후 흙이 얼기 전(12월 상순)까지, 다시 말하면 나무가 휴면하는 동안에 실시하는 것이 가장 좋다. 심경의 깊이는 되도록 깊이 하는 것이 좋은데, 적어도 깊이 60~80cm, 폭은 40~50cm는 되어야 한다.

(3) 유기물의 투입

　심경의 효과를 오래 지속시키기 위해서는 구덩이에 피트모스·코코피트·볏짚·버섯잔유물·퇴비 등의 거친 유기물을 흙과 층층으로 넣고 묻어 주어야 한다. 유기물의 사용에 있어 분해가 늦은 거친 유기물만 넣으면 토양이 입단화하기 어려우며, 짚이나 녹비와 같이 분해가 용이한 재료만 넣어주면 입단화는 용이하지만 지속성이 좋지 않다. 또 분해가 느린 유기물(전정목, 수피)을 다량으로 투입하면 날개무늬병 발생을 조장시킬 염려가 있다. 날개무늬병이 발생되고 있는 과수원에는 거친 유기물을 과용하지 말아야 한다. 결국 심경할 때 투입하는 유기물은 분해가 빠른 것과 느린 것을 적당히 섞는 것이 좋다. 그리고 하층에는 분해가 느린 것을 많이 넣고 상층에는 분해가 빠른 것이나 완숙퇴비를 넣는 것이 좋다. 생우분이나 돈분은 짚과 약 6개월간 부숙해 사용해야 하고, 생돈분 및 생계분은 토양 내에서 부숙 시 가스가 발생하므로 사용을 금한다. 퇴비는 2,000~3,000 kg/10a을 사용한다.

(4) 심경상의 주의점

　배수가 좋지 못한 토양에서는 심경한 구덩이 또는 고랑에 물이 고이기 쉽다. 유기물의 분해는 다량의 산소를 소모하므로 배수가 불량한 토양에서 구덩이에 유기물을 넣어 썩이면 토양이 환원되고 유기물질이 생성되어 나무 뿌리가 호흡장해를 받게 된다. 따라서 지하수위가 높은 곳에서는 먼저 배수시설을 해 지하수위를 낮춘 후 심경해야 한다. 하층에 점토층 등의 불투수층이 있을 때도 마찬가지이다. 이런 경우에는 구덩이식 심경이 아니라 도랑식의 심경을 해 낮은 쪽으로 물이 빠지도록 해야 한다.

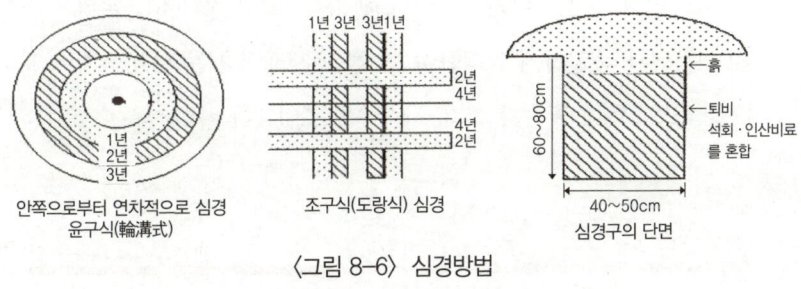

〈그림 8-6〉 심경방법

3. 표토관리

사과원 표토관리는 수령, 기후, 과원의 위치, 토양비옥도 등에 따라 방법이 다르나 평지에 위치한 성목원에서는 열간을 초생재배하고 나무 밑을 청경하는 부분초생재배가 적합하다. 또한 토양의 수분·온도를 조절하고 토양침식을 방지하는 보온덮개 피복방법을 강구하는 것도 한 가지 방법이다. 장마기에는 보온덮개나 차광망을 제거해야만 토양의 과습을 방지할 수 있다. 유목기 사과원은 잡초와 양수분의 경합이 심하므로 수관 하부를 청경하거나 부초해 나무의 생육이 원활하도록 관리해야 한다. 성목원의 경우 수관 하부를 멀칭(보온덮개멀칭, 부초법)하는 것은 노력과 경비가 많이 소요되므로 제초를 하는 것이 매우 경제적이다. 제초제 이용 시는 잡초가 5cm 이하인 경우 연 2~3회 처리하면 효과적이다.

경사지에 위치한 성목원에서는 토양유실을 막기 위해 나무 밑을 초생재배 또는 부초를 한다. 평지 유목원은 부초하다가 나무가 어느 정도 자라면 평지 성목원에 준해 관리한다. 그리고 경사지 유목원은 경사지 성목원과 동일하게 관리한다. 또한 초생재배 시는 나무와 양수분이 경합되므로 예초 횟수와 시기, 시비량을 조절해야 한다.

4. 수분관리

1 배수

표 8-7 암거배수가 사과 수량 및 품질에 미치는 영향

지역	처리	수량 (kg/주)	과실등급 (%)			
			상	중	하	등외
A	암거	322.4	45.2	39.6	12.2	3.0
	방임	255.8	37.7	44.3	13.4	4.8
B	암거	278.1	32.4	52.0	8.4	7.2
	방임	206.4	5.0	39.3	39.9	15.8

습해원을 암거배수한 후 수량과 품질이 좋아졌다(표 8-7). 이는 과습한 조건을 방지해 토양 공기 중에 산소가 많아져 뿌리의 호흡이 원활

해지는 등 생육 조건이 좋아졌기 때문일 것이다. 즉, 암거가 되었다는 것은 지하수위를 낮추는 방법이므로 지하수위가 낮은 조건과 동일한 결과가 나온 것이다.

배수방법은 과수원에 도랑을 내어서 하는 명거배수와 땅속 깊이 100cm 지하에 100~150mm PE 유공관을 묻어서 배수하는 암거배수 두 가지 방법이 있다. 특히 암거배수를 할 경우 경사도를 두어야 한다. 또 유공관을 차광망이나 부직포로 감고 매설하면 유공관 이음부위나 낮은 곳으로 물이 모여 피해를 받기 쉽고 유공관 구멍이 진흙으로 막혀서 배수기능을 제대로 발휘하기가 어렵기 때문에, 경비가 소요되더라도 유공관 주위에 모래 및 자갈을 넣고 시공해야만 소기의 목적을 달성할 수 있다.

2 관수

(1) 관수 효과

사과나무의 생육과 결실을 좋게 하기 위해서는 토양 중에 수분이 많아서도 안 되지만 부족해도 문제가 된다. 우리나라는 5~6월과 9~10월에 가물 때가 많아 과수원에 따라 반드시 관수가 필요한 경우가 있다. 관수가 적절하면 〈표 8-8〉에서와 같이 평균 과중과 수량이 증가하고 생육도 좋아져 품질이 우수한 과실이 생산된다. 또한 수분이 적당하면 양분 흡수가 증대되며, 특히 물관을 통해 칼슘의 흡수가 용이하게 되어 반점성 생리장해(고두병, 코르크스폿) 등을 예방해 저장성을 높인다.

표 8-8 점적관수가 생육, 평균과중 및 수량에 미치는 영향(후지/M.26)

처리	신초장 (cm)	간주비대량 (cm)	수량 (kg/10a)	평균과중 (g/개)
자연강우	23.9	2.77	678	248.3
점적관수	38.3	3.37	912	275.3

*6월 27일 조사. 원시연보, 1988. 과수편, p.41

표 8-9 점적 관수가 과실 내 무기성분 함량에 미치는 영향(후지/M.26)

처리	질소 (%)	인산 (%)	칼리(%)	Ca (ppm)	Mg (ppm)
자연강우	0.25	0.032	0.78	122	214
점적관수	0.26	0.054	0.78	140	234

*원시연보, 1988, 과수편, p.42

(2) 관수 방법

관수 방법은 토성에 따라 주기와 양이 달라지므로 주의해야 한다. 일단 관수가 시작되면 계속 관수해야 한다. 관수 방법에는 여러 가지가 있으나 과수원에서는 관수량이 가장 적게 드는 점적관수 방법이 가장 좋고, 이때 경사지 점적호스는 압력보상형 점적호스를 사용해야 전면적에 고르게 관수된다(표 8-10).

표 8-10 관수 방법의 장단점

방법	장점	단점
살수관수	· 관수효율이 비교적 높음 · 정지작업이 필요 없음 · 수분분포가 불균일하다.	· 시설비가 매우 많이 든다. · 병해조장의 우려가 있음 · 토양 유실과 물리성 악화
지중점적	· 관수효율이 가장 높음 · 근권부에 양·수분 공급이 빠르다. · 관비효율이 매우 높다. · 토양의 악변 방지 가능 · 경사지에서도 관수가 균일하다.	· 시설비가 많이 들며 관리가 어렵다. · 수질에 따라 여과가 필요 · 재식 전에 시설 요구 · 파손 시 수리가 어렵다.

방법	장점	단점
지표점적	· 관수효율이 매우 높음 · 관비 등 복합관수가 용이함 · 토양의 악변 방지 가능 · 경사지에서도 관수가 균일하다.	· 시설비가 많이 들며 관리가 어렵다. · 여과기가 필요하다. · 예초 시 파손의 위험이 있다.

관수 방법에 따른 뿌리 발달 정도를 보면(표 8-11) 총 뿌리량은 살수관수가 많았으나 1mm 이하의 뿌리량은 점적관수가 많았다. 이는 살수법으로 관수 시 땅에 피막을 형성하여 토양 중 공기가 적어서 일어난 결과이다. 관수 시 점적관수는 1시간 관수한 후 1시간 휴지하고 다시 관수하고, 살수관수는 10분 관수 후에 1시간 쉬고 관수하면 토양 내에 최대한의 공기를 유지해 생육에 유리하다. 단, 수상 살수는 병 발생의 우려가 있다. 사과원은 5월 중·하순부터 6월 중순까지가 1차 한발기이고 9월과 10월이 2차 한발기이다. 낙엽과수에서 1차 한발기는 생육이 왕성한 시기이고, 2차 한발기는 성숙(착색)이 되는 시기이다. 일반적으로 1차 한발기의 한발 피해가 2차 한발기보다 크다. 10~11일 동안 20~30mm의 강우가 없으면 관수를 시작하고, 일단 관수를 시작하면 〈표 8-12〉와 같이 계속해 주기적으로 관수한다.

표 8-11 사과원의 관수 방법에 따른 뿌리 단면적

관수 방법	뿌리 단면적의 합계(mm²)	
	총 면적	유효(1mm 이하)
무관수	725	92
점적 관수	732	146
수상식 살수	801	118
수하식 살수	876	130

*주간으로부터 75cm 위치
 Tanasescu. C & C. Paltineanu, 2004

표 8-12 과수원 1회 관수량 및 관수 간격

토양	살수관수량(점적관수량)	관수 간격
사 질	20(7)mm	4일
양 질	30(10)mm	7일
식 질	35(13)mm	9일

*점적관수량 1mm = 1톤/10a

5. 시비

1 시비량

표 8-13 M.26 왜성사과에 대한 수령별 시비 성분량(kg/10a)

| 수령(년) | 질소 | 인산 | 칼리 |
	비옥지~척박지	비옥지~척박지	비옥지~척박지
1~2	2.0 ~ 4.0	1.0 ~ 3.0	2.0 ~ 5.0
3~4	4.0 ~ 6.0	3.0 ~ 4.0	7.0 ~ 10.0
5~7	8.0 ~ 11.0	4.0 ~ 6.0	14.0 ~ 16.0
8년 이상	12.0 ~ 15.0	6.0 ~ 7.0	18.0 ~ 21.0

표 8-14 M.9 왜성사과에 대한 수령별 시비 성분량(kg/10a)

| 수령(년) | 질소 | 인산 | 칼리 |
	비옥지~척박지	비옥지~척박지	비옥지~척박지
1	2.0 ~ 3.0	2.0 ~ 3.0	1.5 ~ 2.5
2~3	6.0 ~ 8.0	3.0 ~ 4.0	7.0 ~ 10.0
4~5	8.0 ~ 13.0	5.0 ~ 6.0	15.0 ~ 17.0
6년 이상	12.0 ~ 14.0	6.0 ~ 7.0	18.0 ~ 20.0

적정 시비량을 결정하기 위해서는 많은 비료시험을 실시해야 한다. 그러나 과수에 대한 비료시험은 방대한 면적을 필요로 하며 오랜 세월이 소요되는 등의 이유로 그 실시가 매우 어렵다. 국내외에서 실시한 비료시험과 엽분석을 통해 도출된 영양상태, 국내의 기상과 토양 등을 감안해 산정한 M.26, M.9 사과원의 시비량은 〈표 8-13〉 및 〈표 8-14〉와 같다.

유기물 급원으로서 썩지 않는 구비를 사용할 때, 가을에 사용하면 화학비료를 30% 감량하고, 봄에 사용하면 질소는 50% 이상 감량하며, 인산·칼리는 40% 감량한다. 그러나 재식밀도가 촘촘해도 10a당 시비량을 넘어서는 안 된다.

이때 우분에 들어 있는 성분함량(유효성분량)을 제하고 계산해야 한다. 다시 말하면 유기질비료·화학비료 모두 합해 연간 시비량을 초과하면 안 된다. 특히 유박(질소 4~6% 함유)은 240kg/10a, 부산물비료(2% 질소 함유)는 600kg/10a 사용하면 연간 질소 사용량을 초과하기 때문에 질소질 화학비료는 사용을 금해야 한다.

2 시비 시기

생장주기에 따라서 과수의 비료 성분 요구도가 다르다. 수체 조건, 토양 조건, 비료의 종류, 기상 조건 등을 감안하여 분시해야 수량이 많고 품질이 좋아진다. 과수에 대한 시비는 휴면기(12월 상순)에 사용하는 밑거름(기비·基肥)과, 생육중(5월 하순~6월 상순)에 사용하는 웃거름(추비·追肥), 과실을 수확한 후(9월 상·중순)에 사용하는 가을거름(추비·秋肥) 등으로 구분한다.

표 8-15 유기물 1톤당 성분량과 유효성분량

유기물명		수분(%)	성분량(kg/톤)					유효성분량(kg/톤/년)		
			질소	인산	칼리	석회	고토	질소	인산	칼리
퇴비	–	75	4	2	4	5	1	1	1	4
구비	우분뇨	66	7	7	7	8	3	2	4	7
	돈분뇨	53	14	20	11	19	6	10	14	10
	계분	39	18	32	16	69	8	12	22	15
혼합퇴비	우분뇨	65	6	6	6	6	3	2	3	5
	돈분뇨	56	9	15	8	15	5	3	9	7
	계분	52	9	19	10	43	5	3	12	9

*농촌진흥청, 농토배양기술, 1992, p.203

 분시 비율은 수령, 품종, 토양 조건에 따라 다르나 표 〈8-16〉과 같다. 질소는 조·중생종은 6(밑거름) : 3(웃거름) : 1(가을거름)로 분시하나 만생종(후지)은 가을거름을 주기가 곤란해 수확 후(10월 말) 요소 엽면시비로 대신하기도 한다. 어린나무, 착색이 매년 안 되는 나무, 도장지의 발생이 많은 나무, 동해를 받은 나무는 웃거름을 생략한다.

 인산은 모두 밑거름으로 사용할 때 토양 전층에 사용하고, 칼리는 밑거름으로 60% 정도 시비하고 40%는 웃거름으로 준다. 지효성 유기질 비료(퇴비·두엄·우분), 석회, 고토, 붕사는 전량을 밑거름으로 시용한다. 칼리질 비료는 웃거름을 시용할 때 2~3회로 분시하기도 한다.

표 8-16 사과원에 대한 분시비율 (단위:%)

비료성분	밑거름	웃거름	가을거름
질소	60	30	10
인산	100	0	0
칼리	60	40	0

3 시비 방법

 양분을 흡수하는 잔뿌리는 수관의 바깥둘레 밑에 많고, 수직근군 분포는 지표로부터 0~60cm에 가장 많다.

 사과원에 대한 유기물의 시비방법은 윤구시비법·조구시비법·전원시비법·방사구시비법 등이 있는데 수령, 토양 조건, 경사도 등에 따라 이들 중 하나 또는 둘을 병용한다. 윤구·조구 시비법은 〈그림 8-6〉과 같이 구덩이를 파고, 파낸 흙에 우선 석회를 섞는다. 이 작업은 가능한 한 일찍 한 다음 유기물(퇴비)과 인산질 비료를 섞어서 구덩이에 넣고 석회를 섞은 흙으로 덮는다. 위 두 개의 시비방법은 밑거름을 사용하는 방법으로 질소·칼리질 비료는 흙을 덮고 난 후에 사용하고 괭이로 긁어준다. 재식 후 2~6년까지는 윤구시비나 조구시비를 하는 것이 경제적이나 성목이 된 후에는 방사구시비를 하는 것이 좋다.

 한편 배수가 불량한 사과원에서는 유기물 사용 시 심경하면 물이 고이게 되어 나무의 생육을 오히려 해롭게 하는 경우가 있으므로 별도로 암거시설을 한 후에 심경하는 것이 바람직하다.

 성목이 되어 나무와 나무가 맞닿을 경우 유기물(퇴비)은 방사구 시비, 석회는 3년마다 심경하여 전층시비(全層施肥), 화학비료는 수관하부 직경 2m 내에 시비한다. 또한 웃거름이나 가을거름을 주는 시기는 생육 중일 때다. 웃거름은 지표면만 사용하고 괭이로 긁어준다. 나무의 영양상태는 〈표 8-17〉에서와 같은 방법으로 판단해 시비하면 많은 도움이 된다.

표 8-17 사과나무의 수세 판단과 시비 요령

수세 정도	수세 판단	시비 요령
강함	· 약간 비스듬히 자란 가지가 40cm 이상 자라고 2차 생장(7월 말)이 많다. · 도장지 발생이 많고 꽃눈이 작다. · 결과지는 중·장과지가 많다. · 나무색은 흑색에 가깝고 잎은 녹색이 강하고 낙엽기 이후에도 달려 있다. · 과실의 착색이 불량하고 맛이 없다.	· 화학비료를 줄인다(특히 질소질 비료). · 덧거름·가을거름을 주지 않는다. · 부숙되지 않은 퇴비(둔분, 계분, 생가축분뇨)를 삼간다.
약함	· 약간 비스듬히 자란 가지가 25cm 이하로 가늘고 2차 생장이 적다. · 꽃눈은 많으나 작다. · 도장지가 적고 최단과지가 많다. · 나무색이 적색에 가깝다. · 잎은 낙엽이 일찍 된다. · 과실이 적고 착색은 좋다.	· 시비량을 늘린다. · 덧거름·가을거름을 준다. · 완숙퇴비를 사용한다. · 심경을 실시한다.

제9장

생리장해

제9장 생리장해

생리장해란 식물체의 조직이 병충해나 바이러스가 아닌 다른 원인으로 이상이 생기는 현상이다. 발생요인은 무기성분 과부족, 수분흡수와 증산의 불균형, 기관조직의 성숙 불균형 등 매우 다양하며 이들 요인이 복합적으로 작용해 발생하는 경우가 많다.

1. 영양장해

과수생육에 없어서는 안 될 16개 원소(C, H, O, N, K, P, S, Ca, Mg, Fe, B, Cu, Zn, Mo, Mn, Cl)는 일반적으로 토양 중에 있다. 그 주된 것이 질소, 인산, 칼리, 칼슘 및 마그네슘 비료이다. 이 밖에 붕소, 망간, 철, 아연, 구리 등은 요구량이 적어서 이들 원소를 함유하는 비료를 미량원소 비료라 부른다.

표 9-1 대량원소의 성분별 역할과 결핍 및 과잉 증상

성분	작물체 내에서의 역할	결핍 증상	과잉 증상
질소 (N)	· 단백질 · 엽록소의 구성원소 · 효소 · 호르몬 구성 성분 · 생장 · 개화 · 결실 · 과실비대촉진, 수량증대	· 잎의 황화 · 생장 및 수량 감소 · 과실 성숙 및 착색 촉진 · 꽃눈분화 촉진	· 엽색 진하고 줄기 도장 · 꽃눈분화 억제 및 착색불량 · 병발생 증가 · 동해 및 생리장해 증가
인산 (P)	· 핵단백질의 구성성분 · 당류와 결합해 호흡 작용 · 뿌리의 신장 및 신초 발아 · 개화 · 결실 · 성숙을 촉진	· 생육 불량, 잎의 암록색 변화 · 꽃눈분화 억제 · 과실 품질(당도) 저하 · 엽소현상 발현 및 발아 지연	· 철 · 구리 · 아연 · 망간 결핍 · 성숙이 빨라지고 수량 저하
칼리 (K)	· 탄수화물대사 · 호흡 · 광합성 작용 및 단백질 합성 · 엽록소 생성에 필요. · 식물체 체관에서 이동 용이 · 과실의 발육 및 당도 증가	· 늙은 잎부터 엽연 황화 후에 갈변 고사 · 광합성 능력 저하 · 과실의 비대, 맛 · 외관 저하 · 가뭄과 동해 피해 증가	· 마그네슘 및 칼슘 결핍 초래
칼슘 (Ca)	· 세포벽의 구성성분, 대사를 위한 조절제의 전달 · 저장성에 관여, 재이동이 안됨 · 많은 N,K,Mg는 과실 Ca를 감소 · 생육후기 엽면살포 시 흡수 효과가 좋음	· 신초 선단부 잎이 뒤틀리고 황화 후에 고사 · 과실의 반점성 장해 유발 (고두병, 코르크스폿) · 과실의 열과 · 저장장해(고무병)	–
마그네슘 (Mg)	· 엽록소의 구성성분 · 인산의 이동을 도움 · 유지의 합성을 돕는다	· 늙은 잎에 엽맥간 황화 · 착과된 가지나 잎에 결핍이 나타나기 쉬움 · 과실 착색불량 및 조기낙엽	–

표 9-2 미량원소의 성분별 역할과 결핍 및 과잉 증상

성분	작물체 내에서의 역할	결핍 증상	과잉 증상
붕소 (B)	· 양이온(NH_4, Ca, K) 흡수 촉진 · 음이온(NO_3, PO_4) 흡수 억제 · 수정과 세포분열 관여 · 수분흡수 및 증산에 관여 · 세포벽 형성	· 신초의 생육 억제, 정단부 고사, 총생, 유엽화 · 축과병(과피요철, 과육갈변) · 엽맥의 코르크화, 엽연 황화, 조기낙엽	· 새순이 6월 상순부터 생장이 멈추고 고사, 잎이 소형화 · 엽병이 만곡 코르크화되어 낙엽 · 과피 골이 생김, 과육 갈변, 경화 · 9월 중순 조기낙과(후지)

망간 (Mn)	· 엽록소생성 · 효소활성 관여 · 수분 흡수 및 증산에 관여 · 수정과 세포분열 관여	· 엽맥 황화, 괴사가 없음 · 성엽에서 발현이 안됨	· 적진병, 가지에 발진 돌기 발생해 수피 내부가 괴사 · 가지의 선단부 고사
철 (Fe)	· 엽록소 생성, 산화환원반응 효소작용 · 광합성 · 호흡 등에 간접간여	· 엽맥 사이가 황화 · 백화, 새가지가 고사 · 토양인산의 과다로 철 결핍	· 망간 결핍증
아연 (Zn)	· 산화환원반응, 조효소작용 · 엽록소 생성, 옥신활성 관여	· 신초가 총생하면 작아짐 · 잎이 황화되며 고사	–
구리 (Cu)	· 광합성 작용 · 효소작용에 관여	· 선단잎 엽맥간 황화, 반점 컵모양, 낙엽, 고사, 총생	· 철결핍 발생

1 마그네슘(Mg) 결핍

(1) 증상

줄기의 기부 잎부터 위쪽으로 올라가면서 잎맥 사이가 황화되며, 심하면 갈변·낙엽된다. '후지' 품종에서는 엽맥 간 흑갈색의 변색부위가 나타나며, '홍옥'·'골든델리셔스' 등은 엽맥간 황화·갈변 증상이 넓어지면서 낙엽된다. 결핍이 심한 나무는 수확기가 되어도 신초의 2차 신장이 많고, 과실이 작으며, 과일 표면색이 어두워져서 착색이 불량하다.

(2) 발생 원인

유효토심이 얕고, 하층에 모래나 자갈층이 있어 토양의 뿌리 분포가 적은 토양에서 발생이 심하다. 칼리 시용량이 많을 경우 길항작용으로 흡수가 억제된다. 신개간지 토양 등 강산성 토양에서는 유실이 심해 결핍되기 쉽다. 가뭄, 건습의 반복, 토양물리성 불량 등으로 뿌리의 흡수기능이 저하될 때도 결핍이 조장된다.

〈그림 9-1〉 마그네슘 결핍 증상

(3) 방지 대책

　토양에 유기물을 충분히 공급해 보수력과 보비력을 높여 준다. 건조시에는 관수를 하고, 하층토가 단단하거나 배수가 나쁠 때에는 깊이갈이 또는 암거배수를 해 뿌리의 기능을 원활하게 해준다. 칼리는 마그네슘의 흡수를 방해하는 길항작용 관계가 있으므로 칼리의 시용량을 줄이거나 1~2년간 사용을 금한다. 석회 사용 시 고토석회를 사용해야 한다. 사용량은 10a당 200~300kg을 2~3년마다 유기물과 함께 넣어 준다. 결핍증상이 나타나면 황산마그네슘 1~2%를 7~10일 간격으로 3~4회 엽면살포하고 토양에 황산고토를 15~30kg/10a 사용한다.

2 고두병(苦痘病, Bitter Pit)

(1) 증상

　고두병은 '감홍'·'후지'에서 많이 발생하며, 발생 시기는 수확 전부터 저장중에도 많이 발생한다. 전형적인 증상은 체와부의 과피에 주로 발생하며, 과피 바로 아래의 과육에 발생하는 것은 저장중에 나타난다. 초기 증상은 과피에 붉은 반점이 나타난 후 오목한 반점으로 진전되며 적색 품종은 암적색, 황색 품종은 녹색~회록색의 2~5mm 크기의 반점이 된다. 반점 아래의 세포는 거의 붕괴되며, 과육은 암갈색의 스폰지 상태로 된다. 반점이 나타난 부위는 쓴맛이 있고 마마처럼 들어간다 해 고두병(苦痘病)이라고 부르고 있다. 이와 같은 고두병은 과실의 외관을 손상시키며, 저장중에 피해 부위로 부패균이 침입하여 과실을 부패시켜서 피해가 더 크다.

(2) 발생 원인

 질소 과용, 강우로 질소 흡수가 많아질 경우, 과습, 강전정, 강한 적과 시에 발생이 심하다. 칼리는 칼슘과 길항관계가 있는데, 칼리를 과다 사용할 경우 칼슘 흡수를 억제해 발생이 심해진다. 특히 5~6월 강우가 적고 장기간 건조하거나 생육후기(8~9월)에 강우가 많은 해에 발생하기 쉽다.

〈그림 9-2〉 고두병(苦痘病, bitter pit) 증상

(3) 방지 대책

가) 질소 및 칼리의 시비 제한

 질소와 칼리는 칼슘 흡수를 방해하는 길항작용을 하므로 시비량을 줄이거나 발생이 심한 과수원은 무비료(無肥料)로 2~3년간 재배한다. 특히 축분으로 제조한 퇴비(부산물비료)와 유박의 사용을 금하거

나 시비량을 줄인다.

나) 수세 및 착과량 조절

수세가 강한 나무에서는 과실에 칼슘 축적이 어려우므로 수세를 안정시키고, 5월에 환상박피·스코어링 등을 실시하고, 큰 과실이 되지 않도록 적과에 주의한다.

다) 칼슘의 공급

소석회나 고토석회 200~300kg/10a를 유기물과 함께 깊게 전층시용(全層施用)해 칼슘 함량과 토양의 염기치환용량을 높이도록 한다. 응급대책으로 염화칼슘 0.3%를 수체(樹體) 살포한다. 예방 목적으로 봉지재배를 하는 경우는 봉지 씌우기 전 6월에 2회, 봉지를 벗기고 2회 엽면살포하고, 무봉지 재배에서 '후지' 계통은 9월에 7일 간격으로 3~5회 엽면살포한다. 염화칼슘 0.3%의 농도로 살포하고, 저장중에는 큰 과실과 미숙과에서 발생이 많으므로 저장 과실 선택에 주의한다.

라) 관수

칼슘은 물관을 통해 흡수하므로 점적관수(지중점적관수), 수하식 미니스프링클러를 4월에서 장마 전까지, 8월 중하순부터 수확기까지 관수한다. 특히 수확기에 관수를 멈추면 과실비대와 성숙에도 영향을 미친다.

3. 적진병(망간 과다)

(1) 증상

7~8월 새가지의 어린잎이 황화되고, 8월 하순 무렵부터 새가지의 수피에 조그마한 돌기가 생겨나고 점차 부풀어올라 발진상(發疹狀)으로 된다. 이 부분의 수피를 벗겨보면 안쪽에 검은색의 점상(點狀) 또는

선상(線狀)의 죽은 부분이 생기고 낙엽이 되며, 새가지와 2~3년생은 겨울 동안 가지 끝부터 말라 죽는다. 과실 비대가 나쁘고 편평한 과실이 되기 쉽다.

(2) 발생 원인

대목은 삼엽해당이 환엽해당보다 많이 발생하고, MM.106 대목이 M.26보다 많이 발생한다. 발생되기 쉬운 품종은 '후지'·'딜리셔스'계 등이고 '육오'·'골든델리셔스'·'홍옥' 등에서는 발생이 적다. 유효토심이 낮고, 칼슘·마그네슘 등 염기 함량이 적은 강산성 토양, 배수불량 및 건습이 반복되는 곳에서 건조 시 불활성 망간이 가급태로 되어 흡수가 증가한다. 심한 단근, 이식, 결실 과다 시에도 발생이 심하다.

〈그림 9-3〉 망간 과다 증상(적진병)

(3) 방지 대책

망간 피해 증상은 토양 pH가 5.5 이하가 되면 Mn^{4+}, Mn^{3+}에서 Mn^{2+}가 많아져서 사과나무가 Mn^{2+}를 과잉으로 흡수하기 때문에 발생한다. 이때 배수가 나빠도 Mn^{2+}가 많아져서 과잉흡수하게 된다. 이를 막으려면 토양 pH를 6.0까지 교정한다. 석회는 유기물과 함께 전층시비를 하는 것이 좋다. 배수불량 사과원은 암거배수를 하고, 피해가 심한 가지는 제거하고, 결실을 조절하고 강전정을 해 수세를 회복시킨다.

새로 심을 경우에는 용과린과 고토석회를 시용하고 토양개량제를 투입하는 것이 좋다.

4 붕소 결핍 및 과다 장해

(1) 붕소 결핍

가) 증상

(가) 축과병

유과기에 나타나는 외부 코르크성은 과실 표면에 수침상으로 괴사부가 발생하고, 증상이 계속되면 적갈색 또는 암갈색으로 변색되며 과피구열(龜裂)·변형·낙과가 일어난다. 생육 중기 이후에 나타나는 내부 코르크성은 과형은 정상으로 보이나 착색이 불량하고(황색), 과실 표면에 파상의 융기가 다소 발생하며, 과실 절단면은 과육과 과심 부근이 갈색의 코르크조직 또는 해면상조직으로 되어 있다. 유사 증상은 바이러스에 의한 동녹 또는 기형과이나 과실 내부에는 증상이 없으며, 발생하기 쉬운 품종은 '홍옥'이다.

〈그림 9-4〉 축과병 증상

(나) 새가지 고사 현상(신초고사·新梢枯死)

붕소 결핍이 심해지면 영양생장이 방해되어 새가지 고사 증상을 일으킨다. 이 증상이 나타나면 봄에 1년생 가지의 잎눈이 살아 있으면서 늦게까지 발아하지 않고 잠자는 상태로 남아 있다. 끝눈(정아·頂芽)은 싹이 터 나와도 잎이 작고 가늘어지고, 잎가장자리가 말리고 담황색으로 되며, 황색의 반점이 불규칙하게 생기고 새순은 짧게 자란다. 또 새가지의 곁순이 총생현상을 나타내기도 한다. 1년생 가지의 표피가 매끈하지 않고 울퉁불퉁하게 거칠며, 칼로 표피를 벗겨보면 검게 죽은 조직이 섞여 있는 것을 볼 수 있다. 이와 같은 가지는 그해 여름~가을 동안에 말라 죽게 되며, 살아남은 경우에는 표피가 터지고 거칠어져 적진병과 흡사한 증상을 나타낸다. 다음해 봄에 죽은 가지 아래쪽의 눈에서 새가지가 돋아난다.

나) 발생 원인

붕소 함량이 부족하거나 유효토층이 낮은 곳, 보수력이 떨어지는 모래나 자갈이 많은 토양에서 붕소의 흡수가 억제돼 발생한다. 또 토양이 강산성일 때는 토양중의 붕소가 가용성(可溶性)으로 변해 강우에 의해 유실되거나 토양수를 따라 하층으로 이동되기 쉽기 때문에 발생한다.

〈그림 9-5〉 새가지 고사 현상(新梢枯死)

붕소를 시용한 경우에도 석회를 과다하게 사용하면 붕소 용해도가 억제되어 흡수가 적어진다.

다) 방지 대책

유기물과 석회를 충분히 시용해 보수력과 보비력을 높이고, 질소비료를 알맞게 사용하여 수세를 안정시키고, 붕사를 10a당 1.5~2.0kg으로 2년 간격으로 시용한다. 결핍증상이 보일 때에는 붕산 0.2~0.3%액(물 20ℓ당 40~60g)으로 2~3회 엽면살포한다. 붕소비료의 시용량이 많을 때는 과잉장해가 나타나므로 주의해야 한다.

(2) 붕소 과잉

가) 증상

봄에 새가지나 잎은 정상적으로 생육하나 5월 하순에서 6월 초순경에 새가지의 상부에 위치한 잎자루가 비정상으로 비대해 황화되고 잎자루 아래쪽이 검게 된다. 잎은 뒤로 말리면서 처지게 된다. 이러한 잎은 손으로 건드리거나 바람이 불면 엽병이 부러지면서 낙엽이 되어, 6월 말에서 7월 초순이 되면 새가지만 앙상하게 남는다. 과다증상이 심하면 6월 상순부터 새가지 끝에서부터 죽어 들어온다. 새가지 정단부가 죽으면 그 아랫부분의 새가지가 빗자루 모양으로 총생하기도 한다. 특히 붕소과다 초기에는 새가지 끝의 어린잎이 버들잎을 띠우며 총생하므로 붕소부족과 혼동하는 경우가 흔하다.

과실은 정상적으로 성숙하는 과실에 비해 바탕색이 빨리 황색으로 변하고, '후지'의 경우는 9월 20일경에 조기 낙과하는 경향이 있다. 과실의 외관은 골이 생기며 과육이 매우 단단해진다. 과실을 절단해 보면 과육에 밀(蜜)증상과 함께 갈변증상이 나타나는 경우가 많다.

〈그림 9-6〉 붕소 과잉 증상

나) 발생 원인

한 해에 10a당 5～10kg의 과다한 붕소를 시용하거나 매년 10a당 2～3kg의 붕소를 8년간 연속해 시용하는 경우에 나타나기 쉽다. 최근 무분별하게 칼슘과 함께 많이 살포하는 농가에서도 종종 발생한다.

다) 방지 대책

붕소 과다시용을 금하고, 토양을 심경하고 유기물(퇴비)과 석회, 용과린을 시용한다. 붕소 과다증상이 발현한 사과는 토양에 석회유를 주입하여 토양 pH를 6.8 정도로 교정한다.

2. 생리장해

동녹(Russeting)

(1) 증상

동녹은 '감홍'·'양광'·'골든델리셔스'에서 심하고 '홍옥'·'화홍'·'쓰가루'·'추광'에도 잘 나타난다.

과피가 매끈하지 않고 쇠에 녹이 낀 것처럼 거칠어지는 증상을 나타내는데, 거칠게 보이는 물질은 코르크조직으로 이들이 표피세포 바깥층인 큐티클층 밖으로 튀어나와 형성되어 있다. 그런데 어떤 원인에 의해 표피의 큐티클층에 균열이 생겨 표피가 노출되어 외부의 자극을 받으면 내피에 코르크층이 생기게 되고, 이곳에서 만들어진 코르크세포가 과피면을 덮게 되면 마치 녹이 난 것처럼 거칠게 보이는 증상을 나타낸다.

(2) 발생 원인

낙화 후 10~40일에는 과피를 보호하는 큐티클층이 미발달 상태에 있기 때문에 내·외부의 자극에 의해 녹이 발생되기 쉽다. 특히 녹의 발생이 심한 품종에는 큐티클층을 구성하는 왁스물질이 적고 큐티클의 생성이 아주 불량하므로 과실의 비대에 따라 큐티클층에 틈이 생겨 표피가 노출되기 쉬운데, 이와 같이 되면 여기에 코르크형성층이 발달되어 코르크세포가 만들어진다. 다습 조건은 큐티클의 발달을 저해하며, 수세가 강한 나무에서는 과실비대의 일변화가 심해 큐티클의 균열이 생기기 쉽기 때문에 동녹이 많이 발생한다. 측과는 과경부 부근이 급격히 비대하기 때문에 중심과에 비해 동녹이 많이 발생한다. 기계적인 상처 등도 동녹의 발생을 조장한다. 이 밖에 직사광선, 약해, 병해, 저온, 기계적 상처 등도 원인이 된다.

〈그림 9-7〉 '골든델리셔스'(좌) 및 '양광'(우)의 동녹 증상

(3) 방지 대책

발생이 심한 품종의 경우 낙화 후 10일 이내에 작은 봉지를 씌워 주는 것이 가장 안전한 방법이다. 작은 봉지 대신에 피막제(사비녹크·시오녹크·생석회·탄산칼슘 등)를 낙화 직후부터 1주일 간격으로 3회 정도 살포하거나 지베렐린(GA4+7) 100ppm을 이 시기에 살포해도 동녹의 발생을 감소시킬 수 있다. 그 밖에 질소 시용량을 알맞게 해 수세를 안정시키고, 유과기에 동녹의 발생을 조장하는 유제·보르도액·구리수화제 등의 살포를 삼가는 것이 중요하다.

2 열과

(1) 증상

'후지'의 열과는 과실꼭지 기부에 발생하는 현상으로 3가지 양상을 나타낸다. ①내부열과는 과실꼭지 기부 표피의 하부에 틈이 발생해 공동이 되는 현상으로, 외관부터 열과되었는지는 판정이 어렵고 칼로 잘랐을 때에야 처음으로 갈라진 것을 판명하게 되는 경우가 많다. 그러나 내부의 공동이 커지면 과실꼭지 기부의 표피가 위로 부풀어올라 공동이 발생되어 있는 것이 외관으로부터 판정된다. ②외부열과는 과실꼭지 기부의 표피가 열개되어 있다. 이 유형의 열과는 반드시 내부열과를 동반하고 있으며, 일반적인 '후지' 품종의 열과이다. ③내부열과를 동반하지 않는 외부열과가 있으나 '후지'에서는 발생이 미미하다.

(2) 발생 원인

8월 강수량이 많은 경우 350~400g의 대과에서 발생이 많고, 수세가 안정되어 있는 과원보다 수세가 강한 유목에서 발생이 심하다. 또

무봉지재배가 봉지재배보다 발생이 심하다. 최근 사과원에서는 고속분무기(SS), 트랙터, 리프트카 등의 주행으로 토양의 물리성이 나빠져 배수가 불량해짐에 따라 뿌리의 정상적인 생육이 억제돼 발생을 조장하는 원인이 될 가능성이 높다.

〈그림 9-8〉 후지의 내부열과(좌)와 외부열과(우)

(3) 방지 대책

가) 수세의 안정화

수세가 강해 대과가 되기 쉬운 상태의 나무에서 열과가 잘 발생하기 때문에 수세의 안정화를 도모할 필요가 있다. 6월 중하순경에 신초장 20~30cm에서 정지하고 300g 전후의 과실이 생산되도록 수세를 안정시킨다. 강전정·질소과다 등은 열과 발생을 조장하기 때문에 주의한다.

나) 토양 투수성의 개선

토양의 투수성이 나쁜 포장은 열과가 발생하기 쉽기 때문에 심경과 유기물시용 및 암거배수를 하여 토양의 배수를 좋게 한다. 고속분무기(SS) 등의 운행으로 토양이 다져지면 배수가 악화되기 때문에 토양경도는 20mm 이하가 되게 관리한다.

다) 봉지재배

봉지재배는 열과의 발생을 적게 하기 때문에 수령이 어리고 세력이 강한 나무는 봉지재배를 한다. 봉지를 씌우는 시기는 7월 상순 이전으로 한다. 봉지를 씌우는 시기가 늦어지면 방지효과가 없기 때문에 주의한다.

3. 일소

(1) 증상

과실 표면이 흰색, 엷은 노란색으로 변하다가 증상이 진행되면 직사광선을 받은 쪽의 과피가 갈색으로 변하거나 시일이 지남에 따라 엷은 색으로 퇴색한다. 정도가 심하면 피해 부위에 탄저병 등이 2차적으로 전염되어 부패하며, 수확기에 동녹이 심하게 발생되기도 한다. 수확 시 일소를 받은 과육은 일소를 받지 않은 부분보다 경도 및 당도가 높으나 저장중에 빠르게 연화되는 경향이 있다.

〈그림 9-9〉 생육기에 나타난 일소피해 증상

(2) 발생 원인

일소는 높은 과실온도와 강한 광선의 상호작용에 의해서 발생한다. 7~8월 32℃ 이상일 때, 나무의 남쪽 및 서쪽 과실에서, 여러 날 동안 구름이 끼거나 서늘하다가 갑자기 햇빛이 강해지고 기온이 높아질 때 많이 발생한다.

수세가 약하거나 과다 결실된 나무, 과다 착과에 의해 가지가 늘어진 나무에서 과실이 강한 광선에 갑자기 노출되면 일소 발생이 증가한다. 또 수분 스트레스에 있는 과실은 과면과 과육의 온도가 훨씬 높아 일소의 원인이 된다. 과실의 칼슘농도가 낮을 경우와 왜화도가 높은 대목일수록 일소과 발생이 많다. '후지'·'조나골드' 등이 '갈라'·'골든델리셔스'보다 일소에 민감하다.

(3) 방지 대책

과실이 강한 직사광을 받지 않게 가지들을 잘 배치하고, 과실 1개당 적정 잎수가 확보되도록 알맞게 적과를 해 과다착과를 피한다. 지나친 하계전정은 피하고 관수를 적절히 실시한다. 많이 결실된 가지들은 늘어지지 않게 버팀목으로 받쳐주어 과도한 온도 상승을 방지해주고, 일소를 받은 과실은 생육에 지장을 주지 않는 범위 내에서 제거한다.

가능한 초생재배를 하고 과실에 탄산칼슘(크레프논, 칼카본) 200배액(400g/20ℓ)이나 카올린(Surround WP)을 3~4회 살포해 과피를 보호한다. 나무 위에 미세살수장치가 있는 사과원은 대기온도가 30~32℃ 이상일 경우 살수를 해 과실 양광면의 과도한 온도 상승을 막는다.

4 엽소 현상

(1) 증상

사과나무의 잎이 뜨거운 물에 덴 것처럼 변하는 증상으로 수관 하부에서 점차 상부로 가면서 발생한다. 주로 과총엽의 선단부 또는 잎의 한쪽이 흑갈색으로 괴사하고, 심해지면 잎자루만 남고 잎조직이 흑색으로 말라 죽으면서 결국 조기에 낙엽되고 만다.

(2) 발생 원인

8월의 고온건조한 조건에서 기공의 개폐기능이 저하된 잎이 과도한 증산작용을 해 잎에 수분이 부족할 때, 뿌리에서 충분한 수분을 공급하지 못해 엽소현상이 나타나게 된다. 어린잎보다 잎의 기능이 떨어진 늙은잎에서 많이 발생한다. 또 침수피해를 받았거나 배수가 불량하고 통풍과 투광 조건이 나쁜 과원에서 많이 발생한다. 강우가 지속되었다가 갑자기 고온으로 기온이 올라갈 때에도 주로 발생한다.

〈그림 9-10〉 8월중 발생된 엽소 증상

(3) 방지 대책

토양 개량과 유기물 투입으로 뿌리의 기능을 원활하게 함으로써 뿌리의 수분흡수를 용이하도록 한다. 장마철에는 배수가 잘되지 않는 곳에서 뿌리의 기능이 저하되어 수분흡수가 지장을 받게 되므로 장마철 배수관리를 철저히 해야 한다. 가지와 잎이 과번무하지 않도록 균형 시비하고, 수분관리를 철저히 한다.

5 밀증상(Water Core)

(1) 증상

밀증상은 과육의 일부가 수침상으로 되어 물이 든 것과 같이 보이는 현상이다. 수침상은 담황색 또는 황록색을 띠고 과실 특유의 향기가 발생한다. 대개 과심부와 과육부의 경계에 분포하는 유관속(과심선)의 주위에서 발생해 점차 과육 및 과심으로 확대된다.

'후지'는 과심부로 확대되는 것이 많고 '홍로' 품종은 과육 전체로 확대되는 것이 특징이다. '조나골드'·'델리셔스'·'후지'·'홍로' 품종은 현저히 많이 발생한다. 밀증상은 저장중 과육이 갈변하는 장해를 일으키기 때문에 생리장해로 취급하는 경우가 있으나, 저장하지 않고 즉시 판매하는 과실은 소비자들이 오히려 더 선호하는 경향이 있다.

(2) 발생 원인

밀증상의 발생은 기온의 영향을 많이 받는다. 일반적으로 기온이 높을 경우에 발생이 빠르고 그 정도도 현저하다. 밀증상은 과실의 수확기가 늦을수록, 과실이 클수록, 1과당 잎수가 많을수록 발생이 증가한다. 또한 왜성이 일반 사과보다 많이 발생한다. '후지'는 수확 10월 상순부터 발생하며 10월 하순에 가장 많이 발생한다. 증상이 확대되는 것은 11월 이후부터다. 무봉지재배 과실이 봉지재배 과실에 비하여 발생도 빠르고 그 증상도 심하다.

〈그림 9-11〉 밀증상

(3) 방지 대책

수확시기가 빠르면 발생이 적으므로 장기저장용 과실은 밀증상이 발현되기 전에 수확하는 것이 좋다. 밀 정도가 미약한 것은 저장중에 소실되지만 심한 것은 내부갈변의 원인이 되므로 과실 횡단면의 밀발생 정도를 보아 저장기간을 결정하되 큰 과실의 저장은 피한다. 생육기에 염화칼슘 0.3%액을 3~4회 엽면살포하면 이 증상을 경감시킬 수 있다.

3. 저장중 생리장해

1. 껍질덴병(Scald)

(1) 증상

저장중 생리장해의 대표적인 것으로 모든 품종에서 발생한다. 품종에 따라 발생 부위와 증상은 약간 다르게 나타나는데 일반적으로 과피 표면이 불규칙하게 갈색으로 변색된다. 착색불량 부분에서 발생하는 것이 많고 증상이 심하면 과실 전체가 갈색으로 변색되기도 한다.

발생 부위는 과피에만 나타나는 것이 일반적이지만 심한 경우 병반 아래 과육에도 침입한다. 저장중에 발생하지만 출고 후 판매 시에 발생

 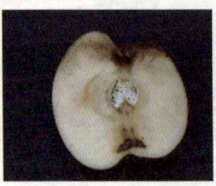 

〈그림 9-12〉 껍질덴병(좌)과 내부갈변(중, 우)

해 문제가 되기도 한다.

(2) 발생 원인

수확시기가 빠르고 착색이 불량한 과실에서 많이 발생하며, 질소질 비료를 많이 사용해 재배한 과실이나 수확 전 고온이 지속된 해에도 발생이 많다. 저장중에는 저장온도가 높거나 습도가 높을 때, 또 환기가 불량해 유해가스가 축적될 때 많이 발생한다.

(3) 방지 대책

저장 적기에 수확하는 것이 중요하다. 착색이 불량한 것과 바탕색이 녹색인 것이 많이 발생하므로 이러한 과실은 저장용으로는 적합하지 않다. 저장온도가 다소 높거나 과습하면 발생이 많아지므로 적절한 온·습도를 유지한다. 저장고 내부를 주기적으로 환기해 유해가스가 축적되지 않도록 한다.

2 내부갈변(Internal Breakdown)

(1) 증상

과육이 갈색으로 변하는 장해를 총칭하여 내부갈변(Internal Breakdown)이라 부른다. 증상은 과피 부위의 과육에서 갈변해 과육 전체로 확대되는 것, 과심 부위에서 과피 부위로 확대되는 것, 밀이 있는 부위가 갈변되는 것으로 나눌 수 있는데 명확히 구분하기는 어렵다. 내부갈변은 저장기간이 길어질 경우 노화에 의해 과육 전체가 약간 갈변되는 고무병과는 뚜렷이 구별된다.

(2) 발생 원인

보통 CA저장 중에 발생하지만 저온저장에서도 발생하는 경우가 있다. 또 밀병이 많은 과실에서 발생하는 경향이 많다. 밀병 발생이 많은 과실은 저장중에 쉽게 갈변되고 밀이 약간 있는 것은 고무병과 같은 장해를 쉽게 받는다. 과숙하거나 큰 과실, 질소 과다한 과실에서도 발생이 많다. CA저장에서는 저장 환경인 산소와 이산화탄소 조건이 적절하지 못하여 발생하고, 저온저장에서는 환기를 하지 않았거나 대형 저장고의 경우 과실을 입고할 때 트럭에서 나온 배기가스가 탄산가스 장해를 유발해 발생하기도 한다.

(3) 방지 대책

저장용 과실은 즉시 판매할 과실보다 다소 일찍 수확해 저장한다. 밀 발생이 심한 과실은 내부갈변뿐만이 아니라 다른 생리장해도 많이 발생하므로 저장용 과실로는 적합치 않다. CA저장은 품종에 따른 적정 저장 환경을 설정하고, 저온저장에서는 주기적으로 환기를 해 탄산가스가 축적되지 않도록 한다.

3 고무병(Senesense Breakdown)

(1) 증상

과피 아래 과육이 갈변되어 탄력이 생겨 손으로 누르면 스폰지를 누르는 것 같은 촉감이 있다. 증상이 진전되면 독특한 냄새가 나며 과육 전체가 갈변되기도 한다. '후지'·'쓰가루'·'홍옥'·'조나골드'·'델리셔스' 계통이 많이 발생한다.

(2) 발생 원인

수확기에 강우가 많거나 기온이 높은 해에 발생이 많고, 수확이 늦은 과실에서도 발생이 많다. 또 작은 과실보다는 큰 과실에서, 유대과보다는 무대과와 질소비료를 많이 사용해 재배한 과실에서 발생이 많은 경향을 보인다. 수확 후 저장고에 입고가 늦고 저장중 습도가 높을 때도 많이 발생하게 된다.

(3) 방지 대책

저장용 과실은 적기에 수확해 저장하고 대과는 장기간 저장하지 않도록 한다. 저장중 유해가스가 축적되지 않도록 저장고를 주기적으로 환기한다. 염화칼슘 0.3%액을 3~5회 살포하면 과실 내 칼슘 함량을 높여 고무병 발생이 감소한다.

〈그림 9-13〉 고무병 증상 '레드델리셔스'(좌)와 '후지'(우)

제10장
병해충, 바이러스 및 조수해 방제 대책

제10장 병해충, 바이러스 및 조수해 방제 대책

1. 병해 · 바이러스 생태와 방제 대책

1 주요 병해의 발생 생태 및 방제 대책

(1) 겹무늬썩음병(윤문병)

가) 병징

최초의 병징은 과점을 중심으로 갈색의 작고 둥근 반점이 생기며 반점주위가 붉은색을 띤다. 병반이 둥근 띠모양을 나타내며 확대되는데, 색깔은 흰색에 가까우나 썩으면서 검게 변하는 것도 있다. 과실을 잘라 보면 썩은 부위가 불규칙하다. 가지에도 감염되면 피해를 나타내는

〈그림 10-1〉 윤문병 과일과 가지

데 병반에 사마귀를 나타내는 것, 사마귀를 형성하지 않고 조피증상만 나타내는 것, 검붉은 색의 암종을 형성하는 것은 주로 '델리셔스' 계통의 품종에서 많이 발견되며 쇠약한 나무에서 많이 발생한다. 병반에 흑색 소립의 병자각이 생기는데 병자각 내부에서 다량의 병원균 포자가 형성되어 전염원이 된다.

나) 발생 생태

비교적 온난하고 다습한 지방에서 많이 발생한다. 병원균은 균사·병자각·자낭각 형태로 줄기의 사마귀 증상이 나타나고 전년도에 병에 걸린 과실 등에서 월동한 후 다음해 5월 중순~8월 하순경에 강우 시 포자가 빗물과 함께 튀어 과실의 과점으로 이동해 잠복하고 있다가 과실이 성숙되어 수용성 전분 함량이 10.5% 이상이 되면 발병해 피해를 나타낸다. 병원포자가 과실 표면에 도달해 감염이 되기까지는 8시간(25℃) ~ 10시간(20℃)의 보습기간이 필요하며 우리나라에서의 감염 최성기는 장마기이다. '홍로' 품종의 주간 피목 부위에 수액이 누출되면서 짙은 적색으로 부패하는 피해가 많이 발생하며, 봄철의 배수 관리가 불량한 과원에서 발생이 많았다.

다) 방제

- 비가 오면 감염이 되므로 병원균 최대 비산 및 감염 시기가 되는 장마기 전부터 8월 하순까지 전용약제를 살포한다.
- 유목일 경우 가지에 형성된 사마귀 병반 부위에 도포제나 수성페인트를 도포한다.
- 석회보르도액 사용이 효과적이나 과피가 두꺼워지거나 착색이 불량해지는 경우도 있다.
- 병든 가지와 열매를 철저히 제거하고, 충분한 약량을 살포한다.

(2) 탄저병

가) 병징

과실에 갈색의 원형 반점이 형성되어 1주일 후에는 직경이 20~30mm로 확대되며, 병든 부위를 잘라보면 과일 중심부 방향으로 과육이 원뿔 모양으로 깊숙이 썩는다. 저장중에 빠르게 연화되는 경향이 있고, 썩은 부위의 맛을 보면 쓴맛이 난다. 병반 부위가 약간 움푹 들어가고 병반 표면에 검은 점들이 생기며 습도가 높을 때 점 표면에 담홍색의 병원균 포자덩이가 생긴다.

〈그림 10-2〉 과일의 탄저병

나) 발생 생태

1970년대에 피해를 가장 많이 일으킨 병으로 '후지' 등 저항성 품종이 많이 재배되고 나서 발생이 현저히 줄어 들었으나 최근 다시 증가하고 있다. 균사의 형태로 가지의 상처 부위나 과실이 달렸던 곳, 잎이 달렸던 곳에서 월동하다가 5월부터 분생포자를 형성해 빗물에 의해 비산한다. 과실에서 7월 상순경에 최초 발생해 7월 하순~8월 하순까지 많이 발생하며 9월 중순 이후에는 발생이 감소한다. 과일 저장중에도 발생한다.

다) 방제

- 전용약제를 강우 시에 겹무늬썩음병과 동시 방제가 가능하도록 살포한다.
- 수세가 강하게 비배관리를 철저히 한다.
- 병든 과일을 수거해 토양에 묻는다.

(3) 갈색무늬병(갈반병)

가) 병징

잎·과실 모두에 발생하나 주로 잎에 발생하며 낙엽을 일으켜 피해를 준다. 잎에 원형의 흑갈색 반점이 형성된 후 점차 확대되어 원형·부정형의 병반이 된다. 병반 위에는 흑갈색의 소립이 많

〈그림 10-3〉 갈색무늬병 잎의 병징

이 형성되는데 이것은 병원균의 포자층으로 많은 포자가 형성된다. 병반이 확대되어 여러 개가 합쳐지면 부정형이 되며, 후기에는 병반 이외의 건전 부위가 황변하고 병반 주위가 녹색을 띠게 되어 경계가 뚜렷해지다가 2~3주 후에 쉽게 조기낙엽이 된다.

나) 발생 생태

1990년대 들어와서 주품종인 '후지' 품종과 신품종에도 발생하기 시작하여 매년 피해가 발생하고 있다. 특히 7~8월에 비가 많이 오고 저온이었던 1993년에 크게 발생했으며 이후로 여름철에 많이 발생하고 있다. 또 1988년에는 봄철 고온다우로 병이 5월부터 발생한 데다 여름철에 비온 날이 계속 되고 9~10월 고온 조건이 유지되면서 10월 평균 이병율이 50% 이상일 정도로 피해가 심했다.

다) 방제

- 수관 내에 바람이 잘 통하고 햇빛이 잘 들어오게 한다.
- 비배관리를 잘하며, 병든 잎은 모아서 태우거나 땅에 깊이 묻는다.
- 전용약제를 6월 중순경부터(발병 초) 8월까지 강우 전 예방에 초점을 맞추어 정기적으로 수관 내부에 골고루 충분히 뿌려준다. 특히

수관 하부 잎에 잘 묻도록 신경을 쓴다.

(4) 점무늬낙엽병

가) 병징

잎·과실·가지에 발생하며, 5월부터 잎에 2~3mm의 암갈색 원형 반점이 생기며 병반이 확대되기도 한다. 여름에 새로 나온 가지의 잎에 발생이 많다. 과실에는 5~6월부터 과점에 감염되어 8~9월까지 감염되며, 흑색의 작은 반점을 형성해 크게 확대되지 않는다. 과실이 성숙하면 병반 주변이 적자색이 된다. 가지에는 껍질눈을 중심으로 회갈색의 병반을 형성하며 주변이 터진다.

〈그림 10-4〉 점무늬낙엽병

나) 발생 생태

1960년대부터 많이 발생하기 시작해 전국적으로 발생되고 있다. '후지' 품종의 경우 중도 저항성을 나타내 10월 평균 이병엽율이 10% 미만으로 피해는 크지 않으나 과실에 감염 시 상품가치가 떨어지는 피해가 발생한다. M.9 대목에 접목된 '후지' 품종은 5월 하순부터 6월 중순까지 발생이 많아 낙엽을 일으킨다. 이병 부위에서 균사 또는 분생포자로 월동한 후 봄에 형성된 분생포자에 의해 1차감염이 된다. 6월에 포자 비산이 많은 편으로 계속해 포자가 비산돼 7~8월에 과실에 감염이 많이 된다. 여름이 고온다습한 해에 발병이 많으며, 질소가 과다하거나 배수·통풍이 잘 안 되는 사과원에 피해가 많다.

다) 방제
- 이른 봄에 낙엽을 태우거나 묻는다.
- 질소비료가 과다하지 않게 하며 통풍·투광이 잘되게 포장을 관리한다.
- 다른 병해 방제 시 동시 방제가 되도록 노력한다.
- M.9 대목의 '후지' 품종에서 전년도 초기 발생이 많았던 경우에는 낙화 후 약제 살포에 신경을 쓴다.

(5) 부란병

가) 병징

가지·줄기에 발생한다. 나무 껍질이 갈색으로 되며 부풀어 오르고 쉽게 벗겨지며, 알콜 냄새와 비슷한 시큼한 냄새가 난다. 병에 걸린 부위에 까만 돌기가 생기고 여기에서 노란 실 모양의 포자퇴가 발생하며, 병에 걸린 부위의 윗부분까지는 생육이 나쁘고 고사한다.

〈그림 10-5〉 부란병에 걸린 가지

나) 발생 생태

1970년대 초에는 우리나라 사과산업에 가장 큰 위협 요소였으며 많은 사과원이 이 병으로 인하여 폐원에 이르게 되었다. 병원균 포자가 빗물에 의해 이동하다가 사과나무 상처 부위에서 발아해 과대, 전정부위, 큰가지 분지점, 동상해 입은 곳 등의 죽은 조직을 통해 감염된다. 감염은 12월에서 4월까지 최성기이며, 병반은 봄에서 초여름까지 빠르게 확대되다가 여름에는 일시 정체한다.

다) 방제

- 나무는 강하게 키우고, 전정은 이른 봄에 하며, 전정 상처 부위에 도포제를 바르고 동해를 받지 않도록 한다.
- 발병 부위를 일찍 깎아내거나 잘라내고 적용약제를 바른다. 병든 가지는 모아서 태운다.
- 발병 정도에 따라 착과량을 조절한다.

(6) 역병

가) 병징

선명하지 않은 갈색의 병반이 과실 표면에 생긴 후 진전되며, 과실 전체가 갈색으로 변하고 변색된 과실은 부패하지 않고 딱딱한 상태로 쉽게 낙과되며 만져보면 약간의 온기가 있다. 뿌리에 발생되는 경우 나무의 지제부를 보면 수피가 완전히 갈변되고, 지표 부

〈그림 10-6〉 역병의 병징

분의 잔뿌리는 갈변되어 부패되어 있으나 약간 깊은 곳의 뿌리는 건전하다. 대목에 발생되는 경우 지제부 대목이 흑갈색으로 진전되며, 건전부와 발생 부위 사이에 균열이 생긴다. 껍질을 잘라보면 얼룩무늬가 나타난다. 이 병에 걸린 나무는 쇠약해지고 조기낙엽 유목은 고사한다. 줄기에 발생하는 경우 초기에는 줄기의 피목 부위에서 검붉은색의 진물이 흘러 나오고 약한 페놀 냄새가 나며, 칼로 벗겨내면 빠르게 붉은색으로 변색된다.

나) 발생 생태

　병원균은 병든 부위 조직에서 균사나 난포자로 월동한다. 비가 많이 온 해에 발생이 많으며, 특히 침수된 과수원에서 발생이 심한 것을 볼 수 있다. 늦은 봄과 이른 가을에 발생이 많으며 한여름에는 병의 진전이 억제된다. 난포자는 불량한 환경에서 1년 이상 생존하며, 적당한 환경이 주어지면 발아해 토양과 닿은 부분의 줄기나 뿌리 부분을 침해한다. 대목별 저항성 정도는 M.9는 매우 강, M.26은 비교적 강, MM.106은 매우 약하다.

다) 방제

- 포장 배수가 잘되게 한다.
- 침수된 포장은 방제에 신경을 쓴다.
- 지표면을 피복하거나 지표면 부분의 과실은 봉지를 씌워준다.
- 저항성인 큰 대목의 경우 지상부로 대목이 노출되게 하며, 대목 역병인 경우 발병이 심하지 않을 때는 약제 도포 및 살포에 의해 약간의 방제 효과를 볼 수 있다.

(7) 날개무늬병(백문우병/자문우병)

가) 병징

　흰날개무늬병(백문우병)과 자주날개무늬병(자문우병) 모두 뿌리를 침해해 부패시키며, 지상부에 나타나는 병징 또한 유사하다. 초기 증상은 낙엽이 빠르고 밀병과 발생이 많으며, 병이 진행되면 잎이 황화되며 새가지 생장이 억제되고 꽃눈 분화가 많아진다. 병이 심해지면 수세가 현저히 떨어지고 나무 전체가 고사하게 하는데, 흰날개무늬병이 자주날개무늬병보다 진행 속도가 빠르고 급성적으로 나타난다.

〈그림 10-7〉 흰날개무늬병(좌)과 자주날개무늬병(우)

흰날개무늬병 피해를 받은 뿌리는 흰색의 균사막으로 싸여 있으며, 굵은 뿌리의 껍질을 제거하면 목질부에 백색 부채 모양의 균사막과 실 모양의 균사속을 확인할 수 있고, 시간이 경과하면 흰색의 균사가 회색 또는 흑색으로 변한다.

자주날개무늬병에 감염된 나무의 뿌리는 표면에 적자색 실 모양의 균사나 균사속을 볼 수 있고, 병이 걸린 지 오래되고 습도가 높으면 지제부의 원줄기에도 자주색 구름모양의 버섯이 형성되는 경우가 있다.

나) 발생 생태

흰날개무늬병은 주로 재배한 지 10년 이상의 노목 및 오래된 과원에서 발생이 심하나, 심하게 발병해 죽은 나무를 뽑아내고 새로운 유목으로 교체한 과원에서는 2~3년생의 유목에 발생하는 경우도 있다. 토양 내에서 병원균 포자에 의한 전염은 어려우며, 피해를 입은 뿌리에 붙은 병원균 균사로 전염이 이루어지고, 뿌리의 표면에서 균사가 자라 균핵을 형성한다. 생육온도 범위는 20~29℃ 이나, 최고온도는 35℃, 최적온도는 20~25℃, 최저온도는 10℃ 내외로 알려져 있다.

자주날개무늬병은 산림토양이나 뽕나무밭 등에서 많이 존재하고 생육도 왕성하므로 이러한 곳을 개간해 과원을 조성한 곳에서 병 발생이 많다. 병원균은 토양 내에서 보통 4년간 생존이 가능하다. 이 병의 감염 시기는 대략 7월 상순부터 9월 중·하순경으로 추측된다. 심하게 감염된 나무의 지하부 표피를 잘 살펴보면 적자색 실 모양의 균사나 균사속을 볼 수 있으며, 병에 감염된 뿌리는 표피가 쉽게 벗겨지고 목질부로부터 잘 이탈된다. 균의 생육온도 범위는 8~35℃이고, 생육 최적온도는 27℃이다.

다) 방제

- 재식 전에 잔존물을 제거하고 묘목은 반드시 침지 소독을 실시한다.
- 재식 구덩이에 석회·인산질비료·완숙퇴비 사용과 배수를 철저히 하고, 전정가지와 같은 거친 유기물의 사용을 금한다.
- 적절한 수세관리를 위해 강전정, 과다결실, 과도한 토양건조 등을 피한다.

(8) 그을음병/그을음점무늬병

가) 병징

그을음병은 과실 표면에 흑록색의 원형 또는 부정형의 그을음 모양 병반이 형성되며, 나뭇가지에도 장타원형의 병반이 형성된다. 병반은 과실 전면에 형성되고 손으로 문질러도 간단히 제거되지 않는다.

그을음점무늬병의 병반은 과실의 표면에 6~8개, 때로는 50개 이상의 암흑색의 작은 점이 원을 이루어 형성된다. 이들 작은 점은 광택이 있고 약간 융기해 있어 마치 파리 똥처럼 보이므로 이 병을 영명으로는 flyspeck(플라이스펙)이라고 한다.

 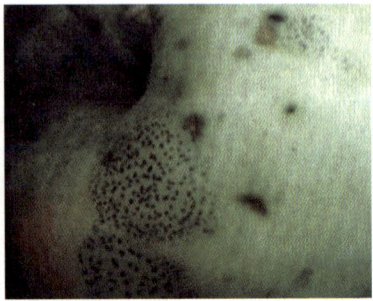

〈그림 10-8〉 그을음병(좌)과 그을음점무늬병(우)

나) 발생 생태

그을음병은 봄에 포자를 형성한다. 강우에 의해 포자가 분산되어 과실의 감염은 빠르면 낙화 2~3주부터 시작되며, 최적 조건에서는 12~18일 간의 잠복기를 거쳐 발병하게 되며, 포장 조건에서는 20~25일의 잠복기간이 소요된다.

그을음병의 발생 시기는 6월 중순부터 9월 하순까지인데 봄과 가을에 발생이 많으며, 특히 이 기간에 기온이 낮고 강우가 잦으면 발생이 많고 반대로 여름의 고온기간에는 발생이 적다. 비가 많은 조건에서 특히 6~7월에 일조시간이 부족할 때 많이 발생한다.

다) 방제

- 통풍이 나쁜 나무에서 발생이 많으므로 정지·전정을 할 때 가지를 적절하게 배치한다.
- 비가 올 때는 봉지씌우기를 하지 않도록 하며, 봉지씌우기 전에 약제살포를 하도록 한다.
- 정기적으로 살균제를 살포하면 그을음병과 그을음점무늬병을 동시에 방제할 수 있다.

(9) 줄기마름병(동고병)

가) 병징

가지와 과일에 발생한다. 가지는 쇠약지에 주로 발생하며, 이 병 가지는 수피가 부패해 병든 부위가 암갈색으로 변하고 움푹 들어간다. 병환부 표면에는 흑색의 병자각이 형성되고, 점차 심해지면 병반이 가지 둘레로 확산돼 상부의 가지가 갑자기 말라 고사하게 된다. 과실에는 방제가 부실한 포장에서 간혹 발생하나 큰 피해는 없으며, 저장 중에 과실의 과경부가 수침상·암갈색으로 변해 과실의 중심부로 확대되고, 심하면 과실 전체가 부패된다.

〈그림 10-9〉 줄기마름병

나) 발생 생태

병원균은 기주에 형성된 병반상에서 병자각형으로 월동해 1차 전염원이 되며, 5~9월 강우가 계속되어 습도가 높아지면 병자각이 수분을 취해 실모양의 포자각을 분출하고 빗방울이나 바람에 의해 분산된다. 분산된 병원균이 나무껍질 표면에 부착되어 있어도 수세가 강건하면 잘 발병되지 않으며, 수체 내 탄수화물이 적어져 내한성이 약해지고 수액의 유동이 불량해지면 동해나 한해의 발생이 많아져 발병의 좋은 조건이 된다.

다) 방제

- 비배관리를 철저히 해 수세를 건전하게 유지시켜 주고, 과습지는 병 발생이 많으므로 배수 관리를 철저히 해야 한다.
- 햇빛이 잘 받는 부위는 겨울철 온도교차가 커서 동해를 받을 위험

이 높으므로 도포제를 바르고, 잔가지의 이병지는 제거·소각한다.
- 다른 병해 방제를 위해 약제 살포 시 주간과 주지에 약액이 충분히 묻도록 하면 효과적이다.

(10) 과심곰팡이병

가) 병징

피해과는 6월 하순경부터 꽃받침 부위에서 황갈색의 진물이 나오면서 과형이 울퉁불퉁하게 되고 과실이 자라면서 낙과가 많이 발생하며, 낙과는 수확기까지 계속된다. 과실 표면은 이상이 없으나 과실을 자르면 과심부(과일 내부 심실)에 흰색, 회색 혹은 진한 분홍색의 곰팡이가 자라 있는 것을 볼 수 있다. 과심부 내에서 병원균이 번식하여 멈추는 형태는 수확 전에 많이 나타나고, 과심부에서 번식한 후 병원균이 주변의 과육을 부패시키는 형태는 저장고 내에서 많이 발생한다.

발생 품종은 생육기간 중에 과실의 꽃받침 부위에서 심실에 이르는 조직이 벌어지는 특징이 있고, 이 구멍이 병원균의 침입구가 된다.

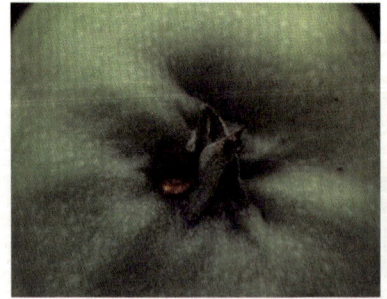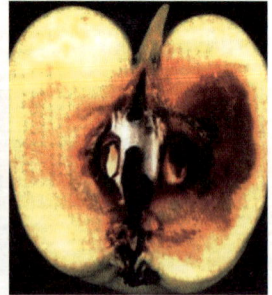

〈그림 10-10〉 과심곰팡이병

나) 발생 생태

주로 초기 과실비대가 빠른 조·중생종에서 많이 발생하지만 만생종에서도 발생한다. 관련된 병원균은 20종 전후로 알려져 있으며 병원성이 강한 것은 많지 않다. 낙화 후 비가 많이 올 때 과실의 초기 생장이 빨라지며 이때 꽃받침 부위와 과심부 사이의 공간이 열리게 되는데, 수분이 된 후 수술과 암술의 잔재물에 붙어 기생하고 있던 병원균들이 이 열린 공간을 타고 과심부로 침입하게 된다.

병원균이 침입하고부터 증상이 발현되기까지는 1개월 이상의 기간이 필요하며, 조기에 감염된 과실은 6월 하순에 꽃받침 부위에서 진물이 나오고 7월 하순경부터 낙과가 시작되는 경우가 많다. 낙과는 수확기까지 계속된다. 저장고 내에서는 저장고 내의 오염된 물에 과실이 젖을 때 발생이 심하게 된다.

다) 방제

- 과실의 형태적 특징성에 기인하는 병해이기 때문에 개화기 이후 비가 많을 경우 낙화 후 되도록 일찍 약제를 살포해 피해를 줄일 수 있다.
- 수확 작업 중에 과실에 흙이 묻거나 상처가 생기지 않도록 주의하며, 과실을 저장하는 저장고는 청결하게 유지한다.

(11) 사과 병해 종합 방제

- 사과원 조성 시 재배 적지인지 검토하고, 주위에 어떤 병을 포함한 재해가 일어나고 있는지 알아보고 대책을 수립해야 한다.
- 주위에 많이 발생하는 병해에 강한 품종을 선발·재배하고 약한 품종은 제외시킨다.

- 과원 예정지 관리 및 정리를 잘하고 관배수 시설을 설치한다.
- 비배관리를 잘해서 나무를 강건하게 키우며 과다 착과를 피한다.
- 주변에 전염원이 있는지 조사해 대책을 세운다.
- 과원 내 청결을 유지하고 이병물은 수집해 소각 또는 매몰한다.
- 가능하면 바이러스 무독묘 등 건전한 묘목을 심도록 노력한다.
- 사과에 고시된 농약을 사용하고 안전사용 지침을 지킨다.
- 약제 방제 시 약제 선정은 살포 시기 및 지역에 따라 주요 병 위주로 결정하되 소수 병해도 동시 방제가 가능하도록 한다.
- 약제는 충분한 양을 골고루 살포하고 주위 작물에 피해가 가지 않도록 비산에 주의한다.
- 다른 약제와 혼용 시 약해가 발생하지 않도록 주의한다.
- 농약 희석용 물의 산도(pH)를 조사하여 중성 부근으로 교정해 사용한다.
- 친환경 재배 시 석회보르도액을 사용할 수 있으나 착색이 불량해지거나 과피가 거칠어지는 경우도 있으므로 주의가 요구된다.
- 약제 방제 시 확실한 방제력이 없을 경우에는 '사과사랑동호회'의 방제력을 사용하는 것도 무난한 방법이다.
- 예찰 정보를 입수해 적기에 방제한다.

2 주요 바이러스, 바이로이드 생태 및 방제 대책

(1) 바이러스

가) 병원체 및 병징

우리나라 사과나무에 발생하는 대표적인 바이러스병은 사과잎반점병(ACLSV, Apple chlorotic leaf spot virus), 사과모자이크병(AMV,

〈그림 10-11〉 사과잎반점병(좌), 사과모자이크병(중), 고접병(우)

Apple mosaic virus), 사과고접병(ASPV, Apple stem pitting virus) 이다. 바이러스에 걸리면 초본류와 같이 병징이 단기간 내에 나타나는 것이 아니라 서서히 생육, 수량 및 품질 등이 낮아진다.

사과잎반점바이러스는 잠복되어 병징이 나타나지 않는 경우가 많으며, 초봄에 엷은 반점 증상이 나타나다 기온이 상승함에 따라 병징이 은폐된다.

사과고접병에 감염된 나무는 일반적인 쇠약 증상을 나타내며, 잎이 작아지고 점진적으로 황화·조기낙엽이 진행되며, 꽃이 많이 피고 과실이 작아진다.

사과모자이크병은 봄에 연한 노란색에서 크림색의 얼룩, 반점, 윤문을 형성한다. 엽맥을 따라 황화되며, 잎 주위가 갈변되고 심하게 감염된 잎은 조기에 낙엽이 된다.

나) 발생 생태

사과잎반점병은 접목전염을 하며, 즙액전염은 명아주 등 초본식물에 접종전염이 가능하고 유묘에도 가능하다.

사과고접병은 고접 갱신 시 접수 바이러스에 감염된 나무로부터 와서 감수성 대목에서 자란 나무에 높이 접목을 할 때만 피해가 나타난다. 사과 잠재 바이러스에 대해 검증되지 않은 나무로부터 접수를 무작위 선택하면 병의 발생을 증가시킨다.

사과모자이크병은 즙액 전염성으로 대부분의 자연 전파는 뿌리 접목에 기인한다. 봄이나 초여름에 발생하는 잎에는 병징이 발현하나 여름에 발생하는 잎에는 병징이 나타나지 않는다. 이병성인 품종에서는 병징이 거의 나타나지 않고도 성장피해와 수량감소를 가져온다. 병징은 나무 전체에 균일하지 않으며 가지에 따라 병징이 나타난다.

다) 방제
- 병에 걸리지 않은 대목과 접수를 사용해 무독묘를 만들어서 재식해야 한다.
- 잠복감염의 경우 피해가 발생하나 수세를 잘 관리하면 계속해 과일을 수확할 수 있다.
- 병에 걸린 나무는 제거해 불에 태우고 갱신하는 것이 좋다.

(2) 바이로이드
가) 병원체 및 병징

병원균은 바이로이드(Viroid)로 미국·일본 등지에서 발생하며, 우리나라에는 1992년경 일본 아오모리에서 들여온 묘목으로부터 접수를

〈그림 10-12〉 바이로이드

채취해 재배한 경북 의성군 농가에서 1998년에 최초 발견되었다. 노란색 반점들은 과실이 성숙해 과피가 붉은색을 띰에 따라 더욱 분명하게 드러나면서 크기가 1~2cm까지 점차 확대되어 8월 중순 수확기에는 과피 전체의 50% 이상을 덮게 된다.

나) 발생 생태

최초 병징은 7월 중순경 과실의 표피가 착색되면서부터 직경 2~5mm 크기의 연노란색 둥근 반점이 형성되며 발생한다. '인도'·'국광'·'감홍' 등의 품종에서는 동녹을 일으키며, '후지'·'홍옥'·'미키라이프' 등의 품종에서는 둥근 형태의 미착색 부위를 형성한다.

다) 방제

- 병에 걸리지 않은 대목과 접수를 사용해 무독묘를 만들어서 재식해야 한다.
- 접목전염을 하므로 병든 대목을 사용하지 않는다.
- 병에 걸린 나무는 제거해 불에 태우고 갱신하는 것이 좋다.
- 전정 시 전염이 가능하므로 병에 걸린 나무는 마지막에 전정하고 전정가위는 중간에 소독해 준다.

2. 주요 해충별 생태와 방제 대책

1 사과응애

잎의 앞면과 뒷면에서 구침(주둥이)을 세포 속에 찔러 넣고 엽록소 등 내용물을 흡즙하므로 이 부분이 흰 반점으로 보인다. 피해잎은 황갈

〈그림 10-13〉 사과응애 암컷 성충(좌), 피해잎(중), 알(우)

색으로 변색되어 광합성 및 증산작용이 저하되며, 심하면 8월 이후 에 조기낙엽이 되고, 과실의 비대생장·착색·꽃눈형성 등에 영향을 주기도 한다. 작은 가지의 분기부(分岐部)나 겨울눈 틈에서 알로 월동하고 사과나무의 개화기인 4월 하순~5월 상순에 부화한다. 부화한 유충은 잎으로 이동해 섭식하며, 유충과 약충은 주로 잎의 뒷면에 서식하고 성충이 되면 잎의 양면에 서식한다. 농약 부착이 미흡한 상단부 잎에 발생이 많다. 연간 7~8세대를 경과하지만, 7월 이후는 세대가 중복된다.

6월 하순 이후 기온이 상승하면서 증식이 빨라져 발생 최성기는 7월 하순~8월이며 응애약 살포에 따라서 차이가 있다. 9월 하순경부터 월동알을 낳는 암컷이 생겨서 월동처로 이동한다.

응애는 건조하고 고온이 지속될 경우에 급격히 발생이 증가한다. 따라서 관수를 적절히 실시해 사과원 수관 내의 온도를 낮추고 습도를 적당히 유지하면 응애 발생 정도를 낮출 수 있다. 또한 응애는 잎에 먼지가 많을 경우에 많이 발생하므로 도로변과 같이 먼지가 많은 곳에서는 격리 울타리를 하고 스프링클러로 먼지를 가끔 제거하는 것도 좋다. 착과량이 적당한 나무보다 과도한 나무가 응애 피해에 더욱 취약하므로 적당한 착과량 조절도 중요하다. 월동알 방제를 위해 발아기(3월 하순경) 때 기계유유제 약 80배(물 500ℓ에 기계유유제 6ℓ)를 살포하면 천적류에 영향도 적은데, 살포시기를 늦출수록 농도를 낮춘다. 이후에는 관찰 결과에 따라 발생 초기 전문 응애약을 살포한다.

2 점박이응애

 사과응애와 달리 잎의 뒷면에만 주로 서식하며, 구기를 세포 속에 찔러 넣고 엽록소 등 내용물을 흡즙하므로 앞면에는 피해증상이 잘나타나지 않으나 피해증상은 사과응애와 유사하다. 연 8~10세대를 경과하며, 교미한 암컷 성충으로 나무줄기의 거친 껍질 틈새나 지면의 잡초·낙엽에서 월동한다. 이른 봄부터 월동 장소에서 이동하기 시작하며, 4~5월에는 지면의 잡초와 사과나무의 수관 내부, 특히 원줄기 등에서 나오는 웃자람가지(도장지)에서 밀도가 높고 점차 수관 외부로 분산한다. 잡초에서는 먹이 상태가 좋은 5월까지는 증가하지만 6월 이후 감소되고 7월에는 밀도가 낮으며 8월 이후는 사과나무에서 이동한 개체군에 의해 다시 밀도가 매우 증가한다. 사과나무에서는 6월 중순부터 급격히 밀도가 증가해 7월에는 피해를 받는 사과원이 나타난다. 8~9월에 최고밀도에 이른다. 9월 하순부터 월동형 성충이 나타나기 시작한다. 월동형 성충의 일부는 수확 전에 과실의 꽃받침 부위로 이동하는데,

〈그림 10-14〉 점박이응애 성충·약충·알 (좌), 월동 암컷 성충(우)

사과 수출 시 이를 제거해야 하는 문제가 발생한다.

점박이응애는 발아기 기계유유제 살포로 방제효과를 기대할 수 없다. 봄철에 지면 잡초에서 주로 서식하다가 5월 이후 사과나무로 이동하므로 원줄기에서 가까운 수관 내부 잎을 주기적으로 관찰해 사과나무에서 발생이 확인되면 전문 응애약을 살포한다. 심식나방류나 노린재류 방제를 위해 합성피레트로이드계를 자주 살포하는 사과원에서는 점박이응애가 다발생하는 사례가 있으므로 주의해야 한다.

3 사과혹진딧물

4월부터 가을에 걸쳐서 새가지의 새로 자라나는 연한 잎을 가해해 뒤쪽으로 말리게 한다. 개화전에 탁엽(托葉) 등을 가해하면 붉은 반점이 생기며 잎이 뒷쪽을 향해 가로로 말리나, 본엽을 가해하면서부터는 잎가에서 엽맥 쪽을 향해 뒷쪽으로 세로로 말린다. 심하게 피해를 받은 가지는 가늘고 약한 가지들이 많이 나와서 결실가지로 사용하지 못하게 된다. '홍로' 품종에 발생이 많다.

겨울에 사과나무의 웃자람가지나 1~2년생 가지의 눈 기부에서 검은색 방추형 알로 월동하다가, 사과나무 눈이 틀 무렵부터 부화해 발아하는 눈에 기생한다. 잎의 전개와 함께 잎 뒷면을 가해하며 곧 '간모'라

〈그림 10-15〉 사과혹진딧물 월동알(좌), 사과혹진딧물 및 피해잎(중), 피해과실(우)

는 성충이 되어 이것이 단위생식해 날개 없는 진딧물을 낳는다. 가을까지 새끼를 낳으며 세대를 반복한다. 날개 있는 진딧물은 보통 밀도가 높아져 영양조건이 나빠지면 출현하고 이들은 다른 나무로 분산한다. 10월 중순경 산란형이 나타나 산란성 암컷과 수컷을 낳고 이들이 교미한 뒤 어린가지의 겨울눈 부근에 월동알을 낳는다.

월동알에서 부화해 발아하는 잎을 가해하는 시기인 개화 전에 진딧물 적용 살충제를 살포해야 한다. 그렇지 않으면 개화기간 중에는 농약 살포가 어려워서 급격히 밀도가 증가해 잎말림 피해가 발생한다.

4 조팝나무진딧물

어린가지에 집단으로 눈에 띄게 발생해도 사과의 생육에는 별다른 영향을 주지 않는다. 5월 하순에서 6월 중순까지 새가지 선단의 어린잎에 다발생하며, 밀도가 급증하면 배설물인 감로가 잎이나 과실을 오염시키고 그을음병균이 되어 검게 더러워진다. 다발생해도 나무에 실질적인 피해는 많지 않지만 작업에 지장을 준다.

연간 10세대 정도 발생하고, 조팝나무의 눈과 사과나무의 웃자람가지나 1~2년생 가지의 눈 기부에서 검은색의 타원형 알로 월동한다. 알에서 부화해 나온 간모 개체가 성숙되면 단위생식해 날개 없는 진딧물

〈그림 10-16〉 조팝나무진딧물 유시충과 무시충(좌), 신초 다발(중), 과실 그을음(우)

〈그림 10-17〉 진딧물 천적, 꽃등에 유충(좌), 풀잠자리 유충(중), 진디벌에 기생당한 진딧물 미라(우)

을 계속 낳고 5월 상순부터 날개가 달린 형태의 진딧물이 발생해 전체 사과나무로 비산한다.

이들 개체들은 5월 중순에서 6월 중순 사이에 발생최성기를 이룬다. 그러나 신초의 발육이 멈추면 자연히 발생밀도가 급격히 감소해 일부 웃자람가지에서만 생존을 유지한다. 새가지가 계속 자라는 묘목 및 유목에서는 7~8월 방제도 고려해야 한다.

가급적 밀도가 낮아서 새가지당 10~30마리 이내일 때에는 더 기다렸다가 열매솎기 등 작업 개시 전에 급격히 발생할 때만 5월 중하순경 진딧물에 효과가 있는 적용 살충제를 살포해 방제한다. 재배기간 동안 질소질비료와 물관리를 통해 먹이가 되는 새가지의 생장을 안정시키는 것이 무엇보다 중요하다. 진딧물 천적은 매우 많으며, 특히 중요한 포식성 천적으로는 풀잠자리류·무당벌레류·꽃등에·혹파리류 등이 있으며, 기생성 천적으로는 진디벌 등이 있다.

5 사과면충

낙화 10일경부터 새가지 기부, 작은 가지의 분지부, 줄기의 갈라진 틈, 가지의 절단부, 지표면 가까운 뿌리 등에서 흰색의 솜을 감고 빽빽

〈그림 10-18〉 사과면충의 무시충(좌), 유시충(중),
면충좀벌에 기생당한 사과면충 미라(우)

이 집단으로 가해한다. 가해 부위의 즙액을 흡즙하며, 흡즙 부위에는 작은 혹이 많이 발생해 부풀어올라 있다. 새가지 기부에 피해를 받으면 가지가 크게 자라지 못하게 되고, 연속해 몇 년 기생하게 되면 그 피해는 더욱 심해진다.

유충태로 지표면과 가까운 뿌리나 흡지 틈새에서 주로 월동한다. 4월 말경부터 활동하며, 5월 중순경에는 성충으로 되어 다음 세대 새끼를 낳는다. 그후 가해 부위에서 계속 번식하며 분산한다. 1년에 10회 정도 발생하지만 대체로 6~7월부터 9월에 발생이 많다. 발생밀도가 증가하면 날개 있는 암컷이 생겨 이동·전파한다. 주로 전정 상처와 부란병 피해가 많고 가지가 혼잡한 곳에 발생이 많다. 또 광범위 살충제를 많이 살포해 천적인 면충좀벌이 없어져도 발생이 많다.

봄철 지제부에 있는 흡지를 조기에 제거하고, 전정절단 부위는 상처가 잘 아물도록 도포제를 처리해준다. 또한 피해주수가 많지 않은 경우 접목부 윗부분에 끈끈이트랩을 설치해 사과면충이 위로 이동하는 것을 막는 것도 하나의 방법이다. 사과면충이 다발생하는 사과원은 4~5월경 적용 살충제를 지제부 흡지나 전정상처 부위 등 서식처에 표적 살포해야 방제효과를 기대할 수 있다. 이 해충은 북미가 원산지인데 일본을 거쳐 우리나라에 들어와 1930년대까지 대발생해 크게 문제가 되었다. 이를 방제하기 위해 면충좀벌을 도입해 정착시킴으로써 생물적 방제가 성공을 거두었다. 면충좀벌에 의해 기생된 사과면충은 검게 되어 미라 상태로 나무에 남아 있고, 기생자가 탈출한 구멍의 흔적이 남아 있다. 면충좀벌은 특별히 방사할 필요는 없으며, 현재도 대부분의 사과원에 서식하고 있으므로 이들 천적에 영향이 크지 않은 선택성 살충제를 사용하는 것이 중요하다.

6 복숭아순나방

유충이 새가지의 선단부를 먹어 들어가 피해를 받으면 선단부에 진과 똥을 배출하고 말라 죽는다. 새가지뿐만 아니라 과실에도 식입하는데, 어린 과실의 경우는 보통 꽃받침 부분으로 침입해 과심부를 식해하고, 다 큰 과실에서는 꽃받침 또는 과경 부근으로 식입해 과피 바로 아래의 과육을 식해하는 경우가 많다. 겉에 똥을 배출하는 점에서 복숭아심식나방과 구별할 수 있다.

연 4~5회 발생하는데, 노숙 유충으로 거친 껍질(조피) 틈이나 남아 있는 봉지 등에 고치를 짓고 월동하며, 봄에 번데기로 된다. 제1회 성충은 4월 중순~5월에 나타나며, 제2회는 6월 중하순, 제3회는 7월 하

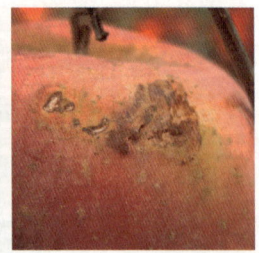

〈그림 10-19〉 복숭아순나방의 신초피해(좌), 초기 과실피해(중), 후기 과실피해(우)

순~8월 상순, 제4회는 8월 하순~9월 상순에 다발생한다. 일부는 9월 중순 이후에 제5회 성충이 나타나나 7월 이후는 세대가 중복되어 구분이 곤란하다. 월동세대 유충은 주로 만생종 사과의 과실을 10월까지 가해하고 과실에서 나와 적당한 월동장소로 이동해 고치를 짓는다.

매년 피해가 많은 사과원은 봄철 거친 껍질 틈에서 월동하는 유충을 제거하거나, 적과 작업 시에 피해 새가지나 어린 과실을 제거해 유충을 죽인다. 발생예찰용 성페로몬트랩을 설치하고 방제적기에 적용 살충제를 살포한다. 월동성충 발생 초인 4월 상순경 교미교란제를 설치해 복숭아심식나방과 동시방제할 수도 있다. 이 해충은 사과 외에 배·복숭아·자두·살구 등도 많이 가해하므로 이들이 근처에 관리가 소홀한 채로 있으면 성충이 날아와 문제가 될 수 있기 때문에 이를 먼저 해결해야 한다. '복숭아순나방붙이'라는 별도의 종이 알려져 있으나 복숭아순나방과 흡사하고 관리도 동일하므로 생략하였다.

7 복숭아심식나방

부화한 유충이 뚫고 들어간 과실의 피해 구멍은 바늘로 찌른 정도로 작으며, 거기서 즙액이 나와 이슬처럼 맺혔다가 시간이 지나면 말라붙어 흰 가루처럼 보인다. 피해는 2가지 형태로 구분할 수 있다. 첫째, 과육 안으로 파고들어가서 먹는 유충은 과심부까지 들어가 종자부를 먹고 그 주위 내부까지 피해를 준다. 둘째는 과피 부분의 비교적 얕은 부분을 먹고 다니므로 그 흔적이 선상으로 착색이 되고 약간 기형과로 되며, 점차로 과심부까지 도달하는 경우가 있다. 노숙유충이 되면 겉에 1~2mm의 구멍을 내고 나오며 이때 겉으로 똥을 배출하지 않는다.

대부분은 연 2회 발생하나 일부는 1회 또는 3회 발생하는 등 일정하

〈그림 10-20〉 복숭아심식나방의 과실 피해 초기(좌) 및 중기(중), 성충(우)

지 않다. 다 자란 유충으로 땅속 2~4㎝에서 편원형의 단단한 겨울고 치를 짓고 그 속에서 월동한다. 5~7월에 겨울고치에서 나온 유충은 방 추형의 엉성한 여름고치를 짓고 번데기로 된다. 제1회 성충은 빠른 것 은 6월 상순에서 늦은 것은 8월 상순까지 발생하며, 제2회 성충은 7월 하순~9월 상순에 발생하며, 발생최성기는 8월 중하순경이다. 극히 일 부가 제3회 성충으로 8월 말~9월 중순에 발생한다. 따라서 대부분은 10월 중순 이전에 과실에서 나와 지면에 떨어져 겨울고치를 만들고 월 동에 들어간다.

 사과원 근처에 관리가 소홀한 농원이 있으면 발생이 많으므로 주의 한다. 관리 방안은 복숭아순나방과 동일하지만, 대만 수출농가에서는 별도의 관리 조건을 준수해야 한다. 필요 시는 6월 상순 이전에 봉지씌 우기를 해 사전에 예방한다.

8 노린재류

(1) 애무늬고리장님노린재

 발아 직후의 눈에 약충이 기생해 흡즙하며, 어린잎에 흑갈색의 반점 을 남긴다. 피해를 받은 잎은 자라면서 여러 개의 구멍이 부정형으로 뚫

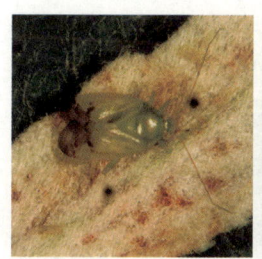  

〈그림 10-21〉 애무늬고리장님노린재의 성충(좌), 피해 신초(중), 피해 과실(우)

리며, 어린 과일을 가해해 움푹 들어가거나 갈색 반점을 남기고 과일이 자라면서 표면이 거칠어진다.

1년에 1회 발생하는데, 4월 상순경에 부화하며 부화 약충은 새가지의 선단부를 가해하다가 5월 하순~6월 상순경 1세대 성충이 되어 가지나 감자 등으로 이동하므로 그 이후에는 사과원에서 이들을 발견하기 어렵다.

개화기 전후로 사과나무 밑이나 주변에 잡초가 많지 않게 가능한 한 정리하고, 결실량 확보에 문제가 될 정도로 피해가 우려되면 개화 전과 낙화 후에 적용 살충제를 살포한다. 주변에 포도나무나 감나무가 있어도 발생이 많다.

(2) 과실가해노린재류(썩덩나무노린재, 갈색날개노린재)

사과의 과실에 피해를 주는 노린재는 썩덩나무노린재와 갈색날개노린재가 많고, 톱다리개미허리노린재·풀색노린재·알락수염노린재 등도 피해를 줄 수 있다. 과실 겉면에 고두병과 같이 약간 움푹 들어가는 피해증상을 나타낸다. 노린재에 의한 과실 피해는 노린재 성충이 과실에 앉아서 구침을 찔러 가해하므로 과실 윗부분이나 옆면에 주로 나타

  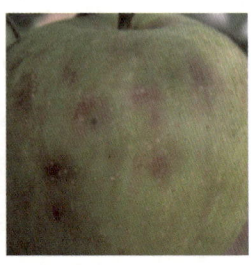

〈그림 10-22〉 썩덩나무노린재(좌), 갈색날개노린재(중), 노린재 피해과(우)

나는데, 과육이 코르크화되고 가운데 피해부에 구침으로 찌른 흔적을 찾을 수 있다.

 7~8월에 노린재가 가해할 경우 과실 피해가 가장 심하므로, 문제되는 사과원은 이 시기에 중점적으로 방제한다. 최근 썩덩나무노린재와 갈색날개노린재의 집합페로몬트랩이 개발되어 시판되고 있으므로 발생 예찰용으로 1~2개 설치해 방제 여부나 방제 적기를 결정한다. 필요 시 방제 목적으로 집합페로몬트랩을 사용할지는 전문가에게 문의한다. 다만, 대개의 노린재류가 사과원에서 생활사를 이어가는 것이 아니라 주변 식생에서 날아오므로, 트랩을 사과원 안에 설치하지 말고 사과원 주변의 울타리나 밖에 있는 나무에 설치한다.

9 나무좀류(암브로시아나무좀, 오리나무좀, 붉은목나무좀, 사과둥근나무좀)

 암컷이 큰 나무의 줄기나 어린나무의 주간부에 직경 1~2㎜의 구멍을 뚫고 들어가 가해해 잎이 시들고 나무의 수세가 급격히 쇠약해지며 심하면 고사한다. 침입 구멍으로 톱밥 가루를 내보내고, 성충과 유충이 목질부를 식해할 뿐아니라 유충의 먹이가 되는 공생균(암브로시아

〈그림 10-23〉 좌측 사진 속 순서(암브로시아나무좀, 오리나무좀, 붉은목나무좀, 사과둥근나무좀)과 피해 줄기(중,우)

균)을 자라게 하므로 이 균에 의해서 목질부가 부패되어 수세가 더욱 쇠약해져 고사를 촉진하게 된다. 유목의 경우 재식 1년차는 거의 피해를 받지 않고, 재식 2년차 봄에 가장 심하게 피해를 받으며, 이후에도 수세가 약하면 지속적인 피해를 받을 수 있다.

사과나무를 가해하는 나무좀은 암브로시아나무좀, 오리나무좀, 붉은목나무좀, 사과둥근나무좀 등 4종이었다. 암브로시아나무좀이 52.5%로 우점종이었고, 오리나무좀이 40.4% 이었다. 성충의 크기는 암브로시아나무좀이 2㎜, 오리나무좀과 붉은목나무좀 2~3㎜, 사과둥근나무좀 3~4㎜ 내외이다.

피해 줄기 속에서 알 → 유충 → 번데기 → 성충으로 되는 데에 약 1~2개월이 걸린다. 연 2회 발생하고 제1세대 성충은 6~8월, 제2세대는 9~10월에 나타난다. 대부분 암컷이 되며 수컷은 잘 날지 못하므로 암컷만 이동한다. 나무로 침입하는 시기는 월동성충은 사과나무 발아기부터 4월 중하순, 제1세대 성충은 7~8월이며, 무리를 지어 모여든다. 유목의 경우 초봄에 월동성충의 집중 침입을 받아 고사 피해가 나타나지만 7~8월에 침입 시 고사 피해는 거의 없다. 알을 갱도 내에 무더기로 낳으며, 월동은 제2세대 성충이 피해나무의 갱도 속에서 무리지어 월동한다.

　나무좀은 2차 가해성 해충으로, 건전한 나무에는 가해하지 않고 수세가 약한 나무를 집중 가해하므로 비배 및 토양관리와 수분관리 등을 철저히 해야 한다. 특히 M.9 등 왜성 사과나무를 심은 사과원은 토양관리와 관수를 철저히 해 사과나무가 스트레스를 받지 않도록 한다. 겨울철 동해나 여름철 가뭄피해 또는 일소피해 등으로 줄기가 역병에 감염되거나 스트레스를 받은 나무에 집중 가해한다. 폐원상태로 방치된 사과원은 조기 정비하고, 주변에 쌓아 놓은 전정가지 또는 산지의 나무좀 피해주를 적기에 소각 또는 분쇄해야 한다. 피해가 심해 회복이 불가능한 나무는 조기에 뽑아서 태워버리는 것이 좋다. 2년차부터 유목기의 왜성대목 사과나무에 피해가 우려될 경우, 봄철 최고온도가 20℃를 상회하는 날 오후에 사과나무로 비래해 와서 침입하므로 오전에 적용 살충제를 주간부에 살포한다.

3. 병해충 종합 관리 대책

병해충종합관리(IPM : Integrated Pest Management)

　IPM은 '작물·병해충·천적에 대한 지식을 기초로 각종 방제기술을 상호 모순되지 않는 형태로 사용하여, 병해충 발생을 경제적 피해수준 이하로 감소시키거나 유지하기 위한 관리 체계'라고 정의할 수 있다. 다시말해서 IPM은 첫째, 병해충의 근절을 목표로 하는 것이 아니며 천적을 보호하기 위해 해충도 허용 가능한 수준 이하로 발생하는 것이 필요하다. 둘째, 각각의 방제기술은 장점과 단점이 있으므로 이들을 잘 조화시켜서 상승효과를 거두고 자연적 방제요인을 최대로 활용하자는 것이다. 셋째, 특정 해충에만 주목하지 않고 과수원과 주변에 존재하는 잠재해충이나 천적과의 관계도 고려한 방제 체계이다. 넷째, 방제 체계 수립 시 농약에 대한 병해충의 저항성과 농산물 잔류 등 장기적이고 사회적인 문제도 고려해 최대한 선택성 농약을 사용한다. 끝으로, 최대 수량을 생산하는 것을 목표로 하지 않고 방제비용·이익·위험정도를 비교해 순수익의 최대화를 지향하는 방제 체계이다.

IPM의 근간이 되는 방제기술은 재배적 관리를 통해 병해충 발생을 방지하거나 줄이는 경종적 방제가 우선되어야 하고, 다음으로 병해충에 따라 봉지씌우기나 그물 설치와 같은 기계적·물리적 방제, 천적에 의한 생물적 방제를 적용한다. 최종적으로는 선택성 농약을 현명하게 사용하는 화학적 방제를 적용해서 각종 방제방법이 복합되어 상호조화를 이루는 것이다.

2 과실종합생산(IFP : Integrated Fruit Production)

IFP는 '환경과 인류 건강을 위해 생태적으로 보다 안전한 방법에 우선을 두고, 바람직하지 않은 농약·비료 등의 사용을 최소로 하면서, 고품질의 과실을 경제적으로 생산한다'라고 정의된다.

유럽에서 고투입 다수확 재배 체계의 한계를 절감한 후 병해충종합관리(IPM)와 고품질의 재배종합관리 개념을 포함해 정립한 것으로서, 1977년 스위스에서 최초 시작되어 여러 단계를 거쳐서 IOBC라는 국제기구를 통해 국제인증 체계를 갖추게 되었다.

2001년부터 유럽은 유통업체와 소비자들이 요구하는 생산이력제인 유럽의 우수농산물관리(EUREPGAP) 제도를 이들의 IFP 지침 내에 포함시켜서 실천해 나가고 있다.

　이태리 AGRIOS의 IFP 지침 내용을 간략히 소개하면 다음과 같다. 먼저 IFP의 개념과 목표가 제시되어 있고, 참여 농민의 자세와 교육훈련과 같은 의무사항을 부여하고 있다. 재배지의 선정과 적절한 재배체계를 제시했고, 방제기의 시험과 조절, 각종 친환경적인 처리(교미교란제 사용, 유인트랩 설치, 벌레잡이 새집 달기, 천적의 은신처 제공, 포식성 이리응애 방사 등)의 선택적 실천, 성페로몬트랩을 이용한 발생예찰과 필수적인 기록 유지, 과수원 환경 보전도 제시하고 있다. 신규 조성 과수원의 경우는 환경영향 평가, 주변 환경에 적절한 품종과 묘목의 선택, 적정 재식거리 등 재배체계에 대해서도 규정을 제시했다. 시비와 토양관리에서도 토양과 엽분석에 의한 적정 시비, 유기물과 화학비료의 적정 비율 사용, 열간의 초생관리와 피복 및 제한적인 제초제 허용 범위, 관수와 사용하는 물의 수질 조건, 적절한 수세 유지를 위한 유인과 생장관리, 내외부 과실 품질 향상을 위한 작업과 관리사항이 있다. 병해충종합관리는 천적 보존, 경종적 방제와 교미교란제 설치 및 천적의 방사 조건, 병해충 저항성 유발 방지, 선택성 농약의 사용, 단위면적과 연간 농약 사용량 규제, 적절한 방제기의 조절과 사용, 농약의 저장 및 관리, 수확 전 안전사용일수 준수가 포함되어 있다. 그리고 수확 및 저장, 자발적인 참여와 서약 이행, 지침 위배 시 자발적 탈퇴와 강제적 제외 조건, 인증 유지를 위하여 명문화된 기록이나 증빙서를 보존해야 한다. 이에는 농약살포 사항, 시비량, 제초제 사용, 100개 새가지당 1차 흑성병 감염 수, 농약 살포 후 천적과 유익곤충 조사, 신규 개원 시 토양분석 자료, 방제기 시험 성적서, 관수, 과수원의 물리적 조건, 수확일, 방제기 형태 및 살포농도 등이다. 생육기와 수확 전 관계관의 포장검사, 저장고 및 잔류농약 검사(금지 성분은 잔류 금지, 허용 성분은 잔류허용치의 1/2 이내), 사과원 또는 참여자의 인증 결격사유 등을 명기하고 있다. 끝으로, 상기의 모든 조건과 규정을 준수했을 경우에 한해서 무당벌레가 부착된 남티롤 IFP 브랜드를 사용할 수 있다.

3 농산물우수관리(GAP : Good Agricultural Practice)

GAP는 '농장에서 식탁까지 농산물의 생산과 공급 과정에서 농약·중금속·병원미생물 등 위해요소를 집중 관리해 농식품의 위생 및 안전성을 확보하고, 이들 관리사항을 소비자가 알 수 있게 하는 제도'이다.

정의에서 알 수 있듯이 GAP는 생산부터 판매까지 각 단계별 정보를 기록하고 관리해, 안전성 등에 문제가 발생 시 해당 농산물의 역추적이 가능하고 원인 규명 및 필요한 조치를 수행할 수 있어야 하는 점에서 이력추적관리제도(Traceability)가 필수적으로 수행되어야 한다. 2001년에는 GAP 표준을 관리하는 FoodPLUS를 설립하면서 EUREPGAP 지침을 마련해 적용토록 했다. 유엔의 식량농업기구(FAO)에서도 2001년에 지속가능한 농업과 안전성 강화를 위한 GAP 기준을 제시했으며, 2003년 국제식품규격(CODEX)에서는 과일과 채소의 GAP 기준을 비준했다. 이에 따라 미국은 식품의약품안전청(FDA)에서 GAP 기준을 마련하고, 농무성에서 총괄관리하고 있다.

우리나라에서는 2004년부터는 과수와 채소에서도 GAP 시범사업을 추진한 이래 2003년부터 2005년까지는 도입기로서 시범사업 추진과 제도기반을 마련하고, 2006년부터 2008년까지는 정비기로서 교육기반 구축과 인증기관을 육성하며, 2009년부터 2013년까지는 정착기로서 전체 농산물에 대하여 수입농산물과 차별화된 GAP를 실용화하고 있다. 2006년부터 농산물우수관리기준을 제정고시하고 있으며, 2014년 10월 7일에는 농촌진흥청 고시 제2014-33호로 농산물우수관리기준을 개정했는데, 11개 분야에서 총 47항목으로 구성되었다.

이상에서 IPM, IFP, GAP의 개념과 발전과정 및 주요 내용에 대해서 알아본 바와 같이, 이들은 각기 별개의 것이 아니라 연도가 경과하면서 그 시기에 사회나 사회 구성원들이 요구하는 방향에 맞추어 병해충을 포함하는 농작물 생산체계로 진화해 왔다.

농촌진흥청 고시 제2014-33호 농산물우수관리기준(필수/권장)

1. 농산물 이력추적관리제도 실시(1/0)
2. 종자 및 종묘의 선정(1/1)
3. 농경지 토양 관리(2/3)
4. 비료 및 양분 관리(2/2)
5. 물 관리(1/2)
6. 작물보호 및 농약 사용(8/4)
7. 수확 작업 및 보관(3/3)
8. 수확 후 관리 및 시설(4/2)
9. 환경오염 방지 및 농업생태계 보전 (1/3)
10. 농작업자의 건강, 안전, 복지(1/2)
11. 교육(1/0)

* 11개 분야, 필수 25항목/권장 22항목(총 47항목)

이들의 연관성을 미국 Prokoppy(1994)가 제시한 IPM 발전 4단계로 비교해 보면, 1단계 IPM은 개별 병해충종합관리, 2단계 IPM은 한 작물의 모든 병해충종합관리, 3단계 IPM은 작물의 생산체계 속에서 모든 병해충종합관리를 말하는 것으로서 즉 IFP 단계이며, 4단계 IPM은 작물의 생산, 유통 및 소비 등 모든 구성원의 공동 관심사 속에서 병해충종합 관리로서 즉 GAP 단계라고 할 수 있다.

4. 조수해 방제 대책

　최근 사과원에서 큰 문제가 되고 있는 것이 야생동물에 의한 피해이다. 야생동물에 의한 농작물의 피해액은 2013년 127억원 규모이다. 2009부터 2013년까지 피해액 중 과수가 19.1%였고, 그중 사과 45.5%, 배 38.7%, 포도 10.8%, 호두 5% 순으로 사과의 피해가 가장 컸다. 조수별로는 멧돼지 46.4%, 고라니 19.4%, 까치 12.5% 순으로 피해를 입히고 있다.

　특히 유해 야생동물 중 멧돼지와 까치는 잡식성으로 번식력이 높고 학습효과가 뛰어나 퇴치 효과가 미미한 실정이다. 따라서 농작물 피해를 최소화할 수 있는 퇴치기술의 개발과 더불어 실용성, 경제성, 동물보호, 환경의 안정성 등을 고려해 생태계를 교란하지 않고 이들의 개체 수를 유지할 수 있는 기술이 요구된다.

1 조류 피해

(1) 피해 실태

　사과원에 피해를 입히는 유해조류는 주로 까치·물까치·어치·찌르레기·직박구리·멧비둘기·까마귀의 7종이다. 산지 과수원의 경우 까치·물까치·찌르레기·까마귀에 의한 피해가, 평지 과수원의 경우에는 까치·물까치·직박구리에 의한 피해가 심한 것으로 조사되었다.

　사과원의 경우 주로 착색이 시작되는 수확 30일 전부터 수확기까지 유해조류에 의한 피해를 입고 있는 것으로 나타났다. 까치의 월별 비래 횟수는 7월과 8월에 집중적으로 증가하고 9월에 다소 감소하다가 10

월 수확기에 다시 증가하는 추세를 보이고 있으며, 직박구리와 멧비둘기의 경우도 이와 비슷한 경향을 보이고 있다.

조류에 의한 피해가 많은 사과 품종은 만생보다는 조생으로 '홍로', '후지', '쓰가루' 순이며, 당도가 높은 품종들이 더 많은 피해를 받는다. 유해조류는 7월에 봉지를 발톱으로 긁어 찢고, 수확기에는 부리로 과일을 쪼아 피해를 입힌다. 피해부위는 경와부가 제일 많고, 그 다음으로 동부, 체와부 순이다.

(2) 대책

과수원에 피해를 주는 유해조류의 퇴치에 여러 가지 방법이 사용되고 있으나 각각 많은 문제점을 내포하고 있다. 방조망이 가장 효과적인 방법이나 설치비가 비싸 농가에 부담이 되고 있다. 다른 방법을 사용할 경우에는 학습효과가 발생하지 않도록 여러 방법을 복합적으로 활용해야 하는데, 시청각을 동시에 자극할 수 있는 방법이 효과적이다. 무엇보다도 조류의 개체밀도를 일정하게 유지하는 것이 과실피해를 줄이는 방법이라고 할 수 있다.

가) 방조망

방조망이란 유해조류가 접근하는 것을 물리적으로 차단하기 위해 과원에 덮는 그물망을 말한다. 농촌진흥청에서는 농가 실정에 맞게 설치할 수 있도록 표준 및 간이 방조망을 개발해 보급하고 있다. 표준 방조망은 영구적이어서 효과가 우수하나 시설비가 많이 소요되고 경사지에서 설치하기 불편한 단점이 있으며, 간이 방조망은 표준 방조망에 비해 경제적이고 설치하기 용이하나 강풍과 적설 시 훼손될 우려가 있다. 특히 눈이 오면 그물망에 눈이 쌓여 무너지므로 겨울철에는 천장에

〈그림 10-24〉 방조망(좌) 및 까치포획트랩(우)

있는 방조망은 한쪽으로 말아서 묶어 놓아야 한다. 농가형 방조망은 수관 위에 바로 씌우는 형태로 다른 시설자재를 사용하지 않아 저렴한 까닭에 농가에서 널리 사용되고 있으나, 풍해를 입기 쉽고 피복 후 농작업이 불편한 단점이 있다.

나) 포획트랩

포획트랩은 총기 포획 시 발생 가능한 안전문제를 해결할 수 있으며 지속적으로 개체군의 수를 조절할 수 있는 장점이 있다. 뿐만 아니라 문제가 되는 개체를 현장에서 직접 구제함으로써 트랩을 이용하는 농가에 심리적으로 위안을 주는 부수적인 효과도 있다. 그러나 까치 외의 다른 조류는 포획효과가 떨어져 실용적이지 못하므로 해당 지역의 조류 종류를 확인한 후 트랩의 이용 여부를 결정할 필요가 있다.

2 짐승류 피해

(1) 피해 실태

과수원에 피해를 입히는 야생동물은 조류를 제외하면 멧돼지·고라니·두더지·초원쥐 등의 포유류이다. 특히 산간지 과수원의 경우 멧돼지에 의한 피해가 가장 크고, 평지 과수원의 경우에는 두더지·초원쥐에

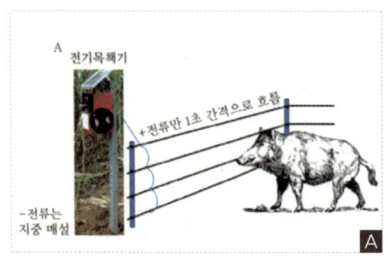 

〈그림 10-25〉 전기목책기

의해 과수 뿌리 부분이 피해를 입고 있다.

고라니는 재식 후 1～2년 사이에 사과나무의 새순을 따먹어 원하는 수형을 형성하는 데 어려움을 주고 있으며, 성목원에서는 1m 이하의 높이의 새순을 먹어 피해를 입히고 있다.

멧돼지에 의한 피해는 더 심각해 수확기에 무리를 지어 나타나 과실을 먹어치우거나 가지를 찢고 나무를 부러뜨리기도 한다. 피해는 일반 과원보다 밀식재배 과원에서 높게 나타나고, 암컷이 새끼와 함께 출몰했을 경우에는 새끼가 사과를 따먹을 수 있도록 가지를 찢거나 나무를 부러뜨려 더욱 심각하다.

두더지붙이쥐는 집쥐 크기로 나무의 접목 부분과 뿌리 사이인 근두 또는 그 밑의 뿌리에 주로 피해를 입히므로 수세가 떨어질 때까지 발견하지 못하는 경우가 많으며, 주로 늦가을에 피해를 많이 입힌다.

초원쥐는 생쥐보다 좀 큰 편이고 두더지붙이쥐와는 달리 주로 토양 표면의 바로 아래나 위의 지제부에 피해를 입히며, 주로 지상부에서 활동한다. 유목기에 풀이나 짚으로 원줄기 부위에 밀착해 멀칭하면 겨울 동안 지제부위에 피해를 입힌다.

(2) 대책

멧돼지는 우리나라 생태계뿐만 아니라 정부 차원의 야생동물 관리 정책에 있어서 매우 중요한 위치에 있으며, 피해 대책 마련을 위해 멧돼지의 서식지, 행동권 및 농작물 피해 예방대책 연구 등이 이루어지고 있다.

야생동물에 의한 피해를 막기 위한 총기류의 사용은 야생동물 관련 법률상의 문제, 사람에 대한 오인사격 등의 문제점을 발생시키고 있다. 피해를 효과적으로 줄이기 위해 축산 분야에서 사용하고 있는 전기목책기뿐만 아니라 근래에는 침입을 탐지할 수 있는 감지센서, 그리고 전자장비를 사용해 퇴치하는 방법을 주로 강구하고 있다.

가) 전기목책기

전기목책기는 교류, 배터리 또는 태양전지 등의 전원을 이용, 전압을 직류 약 6,000~7,000V로 증폭해 약 1초 간격의 펄스 전압으로 만들어 목책 강선에 흘려보내 야생동물 접촉 시 일시적 전기쇼크를 주어 피해를 막을 수 있는 장치이다. (-)극은 지중에 매설하고, (+)극은 목책 강선에 연결한다.

야생동물이 한번 전기쇼크를 받게 되면 학습효과를 일으켜 설치된 과수원에 침입을 기피하게 된다. 목책선 주위에 잡초가 자라 목책 강선에 닿게 되면 전기 누수가 일어나 그 효과가 떨어지므로, 목책선 주위를 제초제로 처리하거나 부직포 등을 피복해 잡초가 자라지 않도록 해야 한다.

나) 전자장비

전기목책기와는 달리 전자장비를 사용하면 야생동물의 침입이 감지된 경우에만 작동해 퇴치할 수 있다. 주로 야생동물의 감지에는 적외선

센서를 사용하며, 근접 시에는 멧돼지가 두려워하는 호랑이 울음소리, 개 짖는 소리, 폭죽 소리와 섬광 등 시청각을 자극하는 방법을 무작위로 발생시켜 학습효과를 줄일 수 있다.

제11장
기상재해

제11장 기상재해

1. 동해

사과나무는 1월 중에는 내한성이 최고조에 도달해 -25℃에서도 꽃눈의 피해가 없으나, 2월에는 따뜻하다가 갑자기 -15℃ 정도만 되어도 큰 피해를 입는다. 사과나무의 지상부가 동해에 견딜 수 있는 한계온도는 -30~-35℃이나, 지하부는 -11~-12℃의 저온에서도 동해를 입는다. 같은 저온이라도 지속기간이나 동결속도 및 해빙속도에 따라 피해 차이가 심하다. 동해를 받는 정도는 '급속동결과 급속해빙' > '서서히 동결과 급속해빙' > '서서히 동결과 서서히 해빙' 순이다.

표 11-1 저온 지속시간별 사과 꽃눈의 동사율(국립원예특작과학원, 2002)

온도(℃)	지속시간별 동사율(%)				
	1시간	2시간	4시간	8시간	16시간
-25	0	0	0	0	0
-30	0	0	0	0	0
-35	10	0	10	30	20
-40	90	80	70	100	100

표 11-2 사과나무 잎따기 정도에 따른 잎눈의 동사율(국립원예특작과학원, 2002)

잎따기 정도	-25℃	-30℃	-35℃
84.2%	13	37	100
78.2%	14	30	100
무적엽	6	8	100

또한 전년도에 과다결실, 조기낙엽 또는 질소과다로 수세가 강해 가을 늦게까지 생장이 계속된 경우, 기타 태풍 등으로 나무가 물리적 장해를 입은 과수원에서 동해를 받기 쉽다.

경사지보다 평지, 강가, 호수 주변이 동해가 심하게 나타나는데 찬 기류가 산기슭에서 내려와 낮은 곳에 머물기 때문이다. 품종에 따라서 내한성의 차이가 있으며 만생종보다 조생종 품종에서 피해가 심한데 '후지'는 강하고, '쓰가루', '골든델리셔스' 등은 약하다. 대목에 따라서도 차이가 있어 M.26보다 M.9가 약하다.

1 피해 양상

수체에서 가장 동해를 받기 쉬운 부위는 꽃눈이고, 그다음이 잎눈, 1년생 가지이다. 큰 가지에서도 분지각도가 좁은 분지점 부위가 피해를 많이 받으며, 지표면에 가까운 원줄기 부분에서 피해가 많다. 피해를 받은 부분은 껍질이 갈라지고, 목질부 내부가 흑갈색으로 변한다. 변색 부위가 절단면의 반 이상 되면 회복이 어렵다. '홍로'에서는 수피파열에 의해 수액이 누출되기도 한다. 피해부위에 일소증상이 발생하고, 부란병·동고병 등 병원균의 침입이 쉽다. 또한 조직이 충분히 경화되지 않은 초겨울과 휴면타파가 이루어진 2월 이후는 내동성이 약하다.

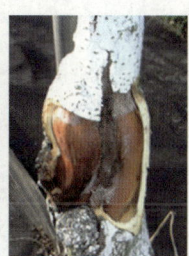

〈그림 11-1〉 M.9 대목의 지제부 동해(윤태명 원도)

2. 식별 방법

　육안으로 관찰하려면 우선 끝눈(정아)을 채취해 예리한 칼로 세로로 절단해 10배 정도의 확대경으로 본다. 꽃눈의 생장점이 갈색이나 흑색으로 변색된 것은 동해를 받아 동사한 것으로 볼 수 있다. 가장 확실한 방법은 피해가 의심되는 가지를 잘라서 물에 꽂아 20℃ 이상 되는 곳에 2~3주 두어 발아 여부를 관찰하는 것이다.

　TTC 시약에 의한 염색법으로 식별하는 방법은 0.6% TTC(2,3,5,-triphenyl tetrazolium chloride) 용액을 적당량 희석하고, 꽃눈 또는 가지를 얇게 세로로 절단한 다음 TTC 용액에 담가 꺼내었을 때 절단부가 적색으로 염색되면 동해를 받지 않은 것이다.

3. 대책

　동해를 줄이기 위해서는 사과나무가 충분한 내동성을 갖도록 하는 것이 가장 중요하다. 내동성은 수체의 영양상태에 따라 크게 달라진다. 강전정, 질소 시비량의 과다, 생육 후기까지 과다 관수 등은 가지가 늦게까지 자라도록 해 저장양분 축적을 저하시킬 뿐 아니라 수체의 성숙을 지연시켜 내동성을 저하시키므로 적절한 시비와 전정 및 관수를 실시한다. 또 조기낙엽, 결실과다, 밀식장해 등도 저장양분 축적을 방해하므로 피하고, 수관 하부는 지열이 발산될 수 있도록 두껍게 깔린 짚이나 풀 및 PE필름 등은 수확 후에 제거한다. 내동성이 약할 것으로 판단되는 나무는 추위가 오기 전(11월 상·중순)에 대목 및 품종의 원줄기에 백색 수성페인트(외장용)를 물과 1 : 1로 섞어서 80~100㎝ 높이까지 도포한다. 또한 피해가 크게 예상되는 사과원에서는 볏짚, 신문지, 녹화마대, 수도관 단열재 또는 착색관리한 후 제거한 반사필름 등

〈그림 11-2〉 원줄기 동해 방지 피복재(윤태명 원도)
A: 백도제 B: 스티로폼 C: 신문지 D: 볏짚

으로 원줄기를 감싸준다.

　피해를 입은 나무는 전정시기를 늦추어 4월 초순 생육상황을 판단한 다음 전정을 한다. 꽃눈을 육안으로 감별해 피해 정도가 50% 이상이면 겨울전정 시 2배 정도 가지를 더 남기고, 50% 이하일 때는 20% 정도 더 남긴다.

　심한 피해로 고사한 나무는 조기에 제거하여 보식한다. 회복되는 나무는 먼저 죽은 가지를 제거하고, 자라는 상태를 보아 가지 일부를 잘라 새가지 발생을 유도하며, 요소 등을 2~3회 엽면살포해 수세를 회복시킨다. 피해부는 부란병균 침입 방지를 위해 베푸란도포제 등을 도포해 주고, 수피가 갈라져 뜨는 곳은 끈 등으로 감아준다. 꽃눈이 동사해 결실이 되지 않은 나무는 수세를 보아 질소비료 사용을 생략하거나 30~50% 정도 줄인다.

2. 늦서리

늦서리 피해를 받으면 안정적인 수량 확보와 품질이 좋은 중심과 착과가 어려우므로 적절한 대책을 세워야 한다. 늦서리 피해가 나타나기 쉬운 기상조건은 전날 바람이 없고 맑으며 야간에 기온이 빙점 이하로 떨어지는 날이다. 화기의 저온 피해는 만개기에 가장 약해 -2.2℃가 되면 10%가 동사하게 되며 기온이 이보다 낮아지거나 지속시간이 길면 피해를 크게 입게 된다.

표 11-3 사과의 생육 초기 발육단계별 꽃눈피해 한계온도(℃) (국립원예특작과학원, 2002)

구분	꽃눈 발육단계					
	녹색선단기	녹색기	단단한 화총기	완전분홍기	만개기	낙화기
10% 동사온도	-7.8	-5.0	-2.8	-2.2	-2.2	-2.2
90% 동사온도	-9.4	-9.4	-6.1	-3.9	-3.9	-3.9
생육단계별 사진						

1 서리가 오는 조건

2~3일 전에 비가 오고, 그후 낮 최고기온이 18℃이며, 18시 기온이 7℃, 21시에 4℃이고 바람이 불지 않으며 야간의 기온이 영하로 떨어지는 조건에서 서리가 올 확률이 매우 높다. 반면 낮의 기온이 20℃ 이상이거나, 바람이 불거나 흐리거나 비가 오면 서리가 오지 않는다. 특히 한반도는 봄에는 찬 이동성 고기압이 자주 통과하고 밤에는 지면에서 복사방열이 심해 봄서리(만상) 피해가 심하다.

지형적으로는 긴 언덕으로 이어진 지역, 산으로 둘러싸인 분지, 물이 고이는 하천변의 과수원, 산기슭의 분지나 곡간지, 주위가 큰 나무로 둘러싸인 과수원 등 찬 공기의 유입은 쉬우나 출구가 좁아 냉기류가 정체되는 지형에서 서리 피해를 많이 받게 된다.

2 피해 양상

찬 공기는 지표 부근에 깔리므로 나무 아랫부분에 피해가 많이 나타난다. 지면 1~2m까지는 꽃의 피해가 70~80%인 반면, 3m 부근의 피해는 20% 정도이다. 겨드랑이꽃눈에서 핀 꽃(액화)보다는 끝꽃눈에서 핀 꽃(정화) 피해가 크며, 화기발육 초기단계에서 피해를 입으면 꽃잎이 열리지 않거나 열려도 암·수술의 발육이 나쁘고 갈변하면 수정률이 떨어진다. 또 꽃대가 짧아지고, 과경이 굴곡되거나 기형과가 되어 낙과한다. 개화기를 전후해 피해를 받으면 암술머리와 배주가 흑변된다. 과실 표면에 혀 모양이나 띠 모양의 동녹이 발생하고, 과형을 나쁘게 해 상품가치를 떨어뜨린다. 어린잎이 서리피해를 받으면 물에 삶은 것처럼 되어 검게 말라 죽는다.

〈그림 11-3〉 개화기 및 유과기의 서리피해 증상

3 대책

늦서리 피해를 입지 않으려면 우선 개원 전에 지형, 미기상 등을 충분히 조사해 피해가 심하게 나타나는 지역은 가급적 피하는 것이 좋다. 냉기 유입을 차단하기 위해 폭 2m 정도의 방상림을 설치하며, 경사지에 개원할 때는 냉기가 흘러가는 방향을 예상해 경사 방향과 같이 상하로 재식열을 만든다. 피해가 나타나는 시기에는 기상예보를 잘 청취해 피해가 예상될 때 송풍법, 연소법, 살수법, 적절한 표토관리 등의 방법을 선택해 대비한다. 송풍법은 상층의 더운 공기를 아래로 불어내려 과수원의 기온 저하를 막아주는 방법이다(표 11-4). 일시에 많은 자본이 소요되어 경제적 부담은 크나 노력이 들지 않고 효과가 안정적이다. 그러나 국내에 설치 운용되고 있는 송풍법은 기온이 -4.0℃ 이하로 떨어지면 방상팬이 설치된 높이(6~9m)와 온도 차이가 1.2℃ 이상 높아지지 않아 효과를 기대하기 어렵다.

표 11-4 방상팬 설치에 의한 사과 늦서리 피해 방지효과(사과연구소, 1995)

구분	결실화 총률(%)	중심화 결실률(%)	과실 품질				수량 (kg/주)
			과중(g)	과형지수	당도(°Bx)	산도(%)	
설치	63	34	290	0.87	14.9	0.52	79.2
미설치	47	24	272	0.84	14.4	0.55	65.8

표 11-5 미세살수의 늦서리 피해 방지 효과(2002, 사과시험장)

처리		화기 피해율 (%)		
		중심화	측화까지	화총피해율
후지	살수법	0.8	0.0	0.8
	대조	7.3	0.0	7.3
추광	살수법	6.0	2.3	8.3
	대조	9.3	20.6	29.8

표 11-6 수상살수의 서리 피해 방지 효과(Rieger, 1989)

최저온도 (℃)	풍속 (m/초)	관수량 (mm/시간)	효과
-3.3	1.0	2.0	꽃 피해 없음
-4.8	1.0	4.0	꽃 피해 없음
-5.8	1.0	6.0	꽃 피해 없음

*기상조건 : 최저기온 -3.5℃, 지상 1.0~1.5m 조사

표 11-7 지표관리에 따른 봄철 과수 기온변화

과수원 표토상태	기온 (1.2m 측정)
습윤하고 다져진 나지상태	1.7℃ 상승
조밀하지 않은 습윤한 초생재배	1.0℃ 하강
습윤하고 키가 작은 초생재배	1.1℃ 하강
건조하고 굳은 나지상태	1.2℃ 하강
방금 평탄화한 나지상태	0.9℃ 하강
키가 큰 초생재배	1.3℃ 하강

〈그림 11-4〉 미세살수와 방상팬

　연소법은 등유를 태워 과수원의 기온 저하를 막아 주는 방법이다. 연소기 준비 및 화점 관리에 노력이 많이 소요되고, 화재의 위험도 있어 실용적이지 못하다.

　살수법은 스프링클러를 이용해 물이 얼 때 발생하는 잠열로 나무 조직의 온도가 내려가는 것을 막아주는 방법(표 11-5)이다. 물을 살포하면 꽃이 언 상태가 되는데, 이때 얼음이 얼면 0℃라고 착각해 계속적으로 살수하지 않으면 화기는 주위 기온에 따라 하강하므로 기온이 하강할수록 살수량을 늘려야 한다(표 11-6). 최저기온이 -3.3℃일 때는 1시간에 10a당 2톤을 살포하고 -5.8℃일 때는 1시간에 10a당 6톤을 살포해야 효과가 있다.

　앞의 3가지 방법은 시설비가 많이 소요된다. 하지만 표토 관리방법만 잘 이용해도 소기의 목적을 달성할 수 있다(표 11-7). 서리 피해가 오는 사과원은 12월 상순에 경운하고 개화기에 표토에 관수해 토양을 습윤한 상태로 만들면 1.7℃ 상승하는 효과를 얻을 수 있다. 이는 토양에 습기가 있으면 전날에 햇볕의 열에너지가 토양의 물에 저장되어 다음날 서리가 올 때 공기중으로 전달되어 기온이 상승하나, 초생재배를 하면 풀이 토양에서 공기중으로 열전달을 막아 기온이 하강하기 때문이다. 단, 생육기 평탄작업 직후에는 토양에 공기가 많고 수분이 없어 토양 내에 열에너지를 저장할 수가 없어 기온이 하강하므로 사전에 준비해야 한다.

개화기에는 중심화가 피해를 받기 쉽다. 피해를 입었을 경우에는 소질이 나쁜 곁꽃이라도 일정한 결실량을 유지해야 하므로 사전에 꽃가루를 확보해 인공수분을 시켜야 한다. 인공수분은 나무의 아랫부분보다 윗부분이 비교적 피해가 적으므로 그곳에 중점적으로 실시한다.

유과기 피해에 대비해 피해 상습지에서는 1·2차 열매솎기를 약하게 하고, 마무리 열매 솎을 때 확실한 과실을 남긴다. 잎까지 피해를 입었을 때는 착과량을 줄이고, 낙화 후 10일 경에 4종 복합비료나 요소를 엽면살포해 수세회복을 꾀한다.

3. 우박

우박은 상승기류를 타고 발달하는 적란운에서 발생한다. 적란운은 수직으로 10km까지 크게 발달한 구름 덩어리로서 상층부는 -5~-10℃ 정도 된다. 먼저 지표면에서 데워진 공기가 상승하게 되며, 적란운 안에 섞여 있던 수증기는 10㎞ 높이 이상의 대기 중에서 눈이나 얼음결정 상태로 변하여 존재하게 된다. 다음으로 하강한 수증기가 다시 상승기류를 타고 빙결고도까지 상승하면 또다시 빙정이나 눈으로 변한다. 이와 같이 상승과 하강을 거듭하면 과냉각된 물방울에 다른 물방울이 첨가 되어 어는 과정이 반복된다. 이 과정에서 우박이 형성되며, 상승기류가 약해지면 우박은 무게를 지탱할 수 없게 되어 지면으로 떨어진다.

우박은 5~6월 또는 9~10월에 기온이 5~25℃ 사이일 때 많이 발생한다. 내리는 시간은 보통 10분 내외이나 30분 이상이 될 때도 있다. 우박의 크기는 대개 직경 2~30mm 정도이나 50mm 정도의 크기로 내린 기록도 있다. 우박이 내리는 범위는 너비가 수km에 달하며 통과 경로에 따라 가늘고 긴 띠 모양이 되는데, 이것은 보통 번개의 경로와 일치하거나 평행한다. 대체로 큰 강의 상류에 빈도가 많고, 우박이 많이 내리는 곳은 대체로 큰 산의 동쪽인 예가 많다. 서풍을 타고 산의 경사면을 따라 상승하는 상승기류가 적란운을 발달시키고, 상승기류의 강도에 따라 우박이 내리는 위치가 변하는 것으로 알려져 있다.

1 피해 양상

우박은 가지나 잎, 과실에 상처를 내 직접적인 피해를 주고, 다시 농작물에 생리적 장해나 병해를 발생시킴으로써 간접적인 피해를 유발한다. 과실 크기가 작은 시기에는 피해가 적지만 성숙기에 가까울수록 피해가 커진다. 우박의 특징은 돌발적이고, 짧은 시간에 큰 피해가 발생하며, 피해지역이 비교적 좁은 범위에 한정된다는 것이다. 우박의 지름이 2cm 이상, 지속시간이 30분 이상 되면 상당히 피해를 입는다.

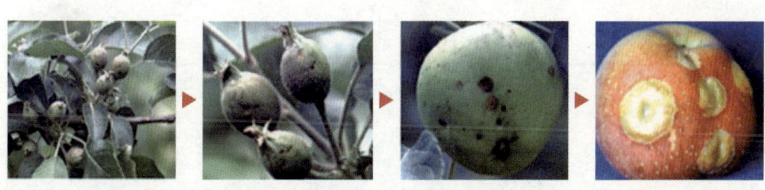

〈그림 11-5〉 착과기 우박 피해 후 상흔 치유과정(원도 서형호)

〈그림 11-6〉 우박피해 방지망 시설
A: 이탈리아, B:독일

2 대책

　우박 피해를 방지하기 위해서는 수관 상부에 우박 방지그물을 씌워주는 것이 유일한 방법이지만, 동일 지점에 내릴 수 있는 빈도가 극히 적기 때문에 경영적인 측면에서 고려되어야 한다. 새의 피해가 심한 산간지에서는 우박 피해 방지와 겸하여 그물눈 크기가 9∼10㎜인 그물망을 씌우는 것이 좋다. 그러나 겨울이 오기 전에 반드시 망을 걷어 눈에 의한 망의 붕괴로 나무가 피해를 입지 않도록 해야 한다. 특히 주의할 점은 피해 후에는 피해 과실을 따내되 수세 안정을 고려해 일정 수의 과실은 남겨두어야 한다. 또한 살균제를 충분히 살포해 상처 부위에 2차 감염이 일어나지 않도록 한다.

4. 태풍

　태풍이란 중심 최대풍속이 초속 17m 이상으로 폭풍우를 동반하는 열대성저기압을 말한다. 우리나라에서는 한 해 평균 3개 이상 과수에 피해를 주고, 발생 횟수는 8월, 7월, 9월 순으로 많다. 태풍에 의한 피해는 강풍에 의한 풍해와 강우에 의한 수해 두 가지이다.

1 풍해의 양상

강풍에 의한 피해는 낙과, 잎이 찢어지고 가지가 꺾어지는 피해, 나무 전체가 뽑혀 넘어지는 도복으로 나타난다. 이는 과실품질 저하와 수량 감소로 이어지고, 잎이 많이 손상되거나 가지가 부러지면 나무 자체의 저장양분이 빈약해져 겨울철 내한성이 약해지고 이듬해 개화·결실에도 나쁜 영향을 미치게 된다. 강풍에 의해 나무가 부러지거나 도복되는 정도는 왜화도가 큰 대목일수록 크므로 M.9 재배에서는 반드시 지주가 필요하고 잘 고정해 주어야 한다.

〈그림 11-7〉 사과원의 태풍 피해

표 11-8 대목 종류별 도복 및 부러짐 정도(%) (일본 아오모리시험장, 1979)

대목	미결속 도복률	미결속 부러짐률	대목	미결속 도복률	미결속 부러짐률
M.27	0.5	0.0	MM.106	0.9	0.0
M.9	3.8	2.4	실생	0.5	0.5
M.26	2.8	0.9			

*수령 4년생, '후지' 및 '델리셔스'계 211 조사주 중 비율

2 수해의 양상

수해는 주로 토양침식에 의한 도복, 물에 함유된 흙이나 각종 부유물질이 과수원에 쌓이는 것, 장기 침수로 생기는 습해 등이다. M.9 대목은 침수 6시간이 지나면 피해가 나타나며, 침수기간이 12시간 이상이 되면 병발생이 심하고, 20시간 지나면 세근 피해가 나타나며, 30시간 지나면 세근이 심각한 피해를 받는다(표 11-9). 또한 병해충 발생도 심해지는데, 이것은 사과나무가 침수에 의해 저항성이 약해지는 동시에 침수가 병원균을 전파시키는 역할을 하기 때문이다. 침수가 되면 수량도 심각한 피해를 받는 것으로 보고되었다.

표 11-9 사과나무의 침수시간별 생육현황(1998, 경북도원)

침수 시간	농가수 (개)	낙엽률 (%)	이병엽률 (%)	이병과율 (%)	세근 고사율(%)	과실크기 (cm,종/횡)
72시간〉	2	48.1	67.0	39.4	56.6	7.2/8.3
30~50	7	32.6	41.0	15.0	21.2	6.4/7.5
20~29	4	23.8	27.4	23.7	3.3	7.4/8.8
12~19	2	29.7	76.5	11.7	0	7.1/8.2
6시간	2	3.1	2.3	0.3	0	7.9/8.9
무침수	2	6.2	5.0	0.5	0	7.5/9.0

*이병엽률 : 반점낙엽병, 갈반병 / 이병과율 : 부패병

3 대책

(1) 풍해 대책

풍해 대책으로는 방풍림을 조성하거나 방풍망을 설치하면 효과가 있다. 방풍림은 포플러·오리나무·낙엽송·삼나무·화백·측백 등이 좋으며, 관목을 혼합해 아래쪽으로 바람이 새는 것을 막으면 좋다. 심을 때는 SS기의 주행에 지장을 주지 않을 정도로 사과나무와 거리를 두되 나

무 사이 0.5~1.0m 간격으로 1줄 또는 2줄로 심는다. 방풍림의 높이는 5m로 하며, 방풍림과 인접하는 곳은 조생종이나 황색종으로 한다.

방풍망을 설치하면 풍속을 15~30%까지 감소시키고, 설치 높이의 18배 정도까지 효과가 미친다. 높이 5.0~5.5m로 최대 순간 풍속 30m/sec 이상에 견디고 다른 작업에 지장을 주지 않게 설치한다. 그물눈은 4㎜ 정도의 한랭사를 사용한다. 보통 태풍은 풍향이 일정하지 않으므로 상습지에서 과수원의 사방으로 설치하는 것이 좋다. 조류 피해가 많은 지역에서는 윗면에 방조망을 설치하면 효과가 상승한다.

또 뿌리가 얕은 나무는 지주로 줄기나 원가지를 받쳐 도복을 방지한다. 유목은 쓰러지기 쉬우므로 지주를 튼튼히 세우고 끈으로 묶는다. 줄기나 원가지 등에 공동이 생긴 것은 찢어지기 쉬우므로 지주로 받치고 밧줄 등을 이용해 보강한다.

피해를 입은 후 쓰러진 나무는 땅이 젖어 있을 때 세우고 지주로 받쳐준다. 가지가 찢어진 경우는 열매밑가지(결과모지)를 줄여 부담을 가볍게 하고, 찢어진 부위를 접착시키기 위해 끈을 감거나 걸림쇠를 넣어 단단하게 고정한다. 또 살아나기 힘들다고 판단되는 가지는 빨리 잘라내고 절단면을 매끈하게 손질한 후 베푸란도포제 등을 바른다. 풍해에 의해 뿌리가 상한 나무는 이듬해 부란병이 많이 발생할 수 있으므로 낙화 후 20일 쯤에 톱신엠수화제 또는 벤레이트수화제를 반드시 사용한다. 생산력을 조기에 회복하려면 수세 진단을 통해 수세 차이에 따라 따로 관리한다. 피해가 심한 나무는 착과량을 줄이고 질소를 엽면 시비(요소 0.3~0.4%)해 수세 회복에 힘쓴다.

(2) 수해 대책

과수원이 침수된 경우 정체되어 있는 물을 가능한 한 빨리 배수시키고 쓰러진 나무는 신속히 일으켜 지주를 세운다. 침수피해가 상습적인 과원은 암거배수관 및 고인 물을 과수원 바깥으로 배출하는 펌프를 설치해야 한다. 토사가 쌓인 경우는 신속히 제거하고, 흙 속의 수분이 점차 제거되어 농기계에 달라붙지 않는 상태가 되면 경운해 통기성을 유지한다. 봉지를 씌운 과실은 봉지를 제거하고 맑은 물로 흙 앙금을 씻어내며 별도의 살균제를 살포한다. 부유물질이 쌓인 과수원은 이듬해 시비를 약간 줄이는 편이 좋다.

경사지에서 토양침식 또는 토사매몰 피해를 입은 경우에는 농로의 복구, SS기 운행 통로의 정비를 서두른다. 또 파손된 급배수 파이프를 복구해 방제용수를 확보한다. 돌, 자갈의 유입으로 나무에 상처가 났을 경우는 톱신페스트나 베푸란도포제를 도포해 보호한다.

제12장
수확 및 저장

제12장 수확 및 저장

우리나라도 선진국과 같이 생산까지는 농업인이, 수확 후에는 APC를 중심으로 운영·관리함으로써 비용을 절감해 국제 경쟁력을 갖출 수 있는 방향으로 나아가야 할 것이다.

1. 수확

숙기 판정

사과는 수확해서 바로 출하할 것인지, 저장했다가 팔 것인지에 따라 수확 시기를 달리해야 한다. 장기저장용 사과라면 품질이 적당한 수준에 도달하고 저장 중 생리장해 발생 위험이 없는 숙도에서 수확해야 경제적 손실을 방지할 수 있다. 수확할 날짜를 결정하는 방법에는 만개기로부터 경과 일수, 전분-요오드 반응, 컬러 차트, 과육의 경도 및 당도 조사, 수확 전 낙과 정도, 과실 바탕색 변화 관찰 등이 있다. 앞의 방법 중 만개기부터의 경과 일수를 참조하는 방법이 현장에서 활용될 수 있고 나머지 방법은 실험실 조건에서만 가능하다.

(1) 만개 후 일수

사과의 개화 후 성숙할 때까지의 일수는 유전적 소질이므로 대개 일정하다. 만개 후부터 성숙기까지의 일수에 의한 판정 방법은 〈표 12-1〉과 같다. 이 방법을 이용할 경우에는 사과의 만개기와 품종별 성숙일수를 미리 알아둘 필요가 있다. 만개기는 연도와 지역별로 큰 차이가 나기도 하는데 대체로 조생종이 만생종에 비해 1~2일 빠른 경향을 보인다. 수확 즉시 출하할 과실은 품종 고유의 풍미가 날 때 수확하지만 저장용은 즉시 출하할 과실보다 7~14일 정도 빨리 수확해야 한다.

표 12-1 사과 품종별 만개 후 성숙까지의 일수

품종	만개 후 숙기까지 도달 소요일(일)	예상 수확 시기
서광	90~100	7월 하순~8월 상순
새나라, 썸머드림	95~110	8월 상순
선홍, 시나노레드	110~120	8월 중순
쓰가루, 산사	115~125	8월 중·하순
홍로, 추광, 홍금	125~140	9월 상·중순
홍월	140~145	9월 중·하순
후지 조숙계(히로사키 등)	140~155	9월 하순
양광, 홍옥	155~165	10월 상순
감홍	160~170	10월 상·중순
화홍	165~175	10월 상·중순
후지	170~185	10월 하순~11월 상순

(2) 착색 정도에 의한 판정

품종 고유의 색이 충분히 착색되면 수확하는 방법이다. '홍옥', '후지' 등 적색계의 사과는 과실이 성숙해 감에 따라 과피 내부에 붉은 색소인 안토시안이 형성되어 붉게 착색되며, '델리셔스' 등 황색계통의 사과는 과피 속이 황색 색소인 크산토필에 의하여 황금색으로 착색된다.

낮은 지대에서 재배되거나 기상이 좋지 않은 해에는 착색이 잘되지 않고, 따뜻한 지역에서는 착색보다 과실 내부 성숙이 빠르고, 서늘한 지역에서는 성숙보다 착색이 빨리 되는 경향이 있다.

착색 정도에 의한 수확기 결정은 80% 이상 착색된 과실이 나무 전체에 고루 분포할 때를 기준으로 해야 한다. 지나치게 색깔만 고집하다 보면 적정 수확기를 놓칠 우려가 있으므로 착색이 우수한 사과를 생산하기 위해서는 수확기를 늦추는 방법이 아닌 재배적인 측면에서 색깔을 내는 기술이 필요하다. 조생종은 3회 이상 나누어서, 만생종은 1~2회 정도로 나누어 수확해야 한다.

(3) 과실의 경도

과실은 성숙함에 따라 세포벽의 두께나 강도, 세포끼리의 접착능력이 떨어져 과육이 연화하게 된다. 세포벽을 구성하는 물질은 셀룰로오스·헤미셀룰로오스·펙틴 등이 있는데 과육의 연화는 이러한 물질을 분해하는 효소의 작용에 의해서다. 사과의 경도는 해에 따른 기상조건과 환경인자에 의해 다를 수 있으나 일반적으로 유전적인 요소에 의해 다르게 나타나고 있다.

표 12-2 사과 품종별 적숙기의 경도(국립원예특작과학원, 1994~2002)

구분	쓰가루	홍로	홍월	추광	감홍	후지
경도(kg/Ø5mm)	1.05	1.55	1.05	1.00	1.32	1.50

(4) 과실의 당도

사과는 과실 성숙과 함께 전분이 급격히 감소하는 대신 당분이 과육

속에 점차 증가하고 산 함량은 감소된다. 유리산(遊離酸)에 대한 전당의 비를 당산비라 하는데 이 비율은 과실이 성숙함에 따라 증가한다. 따라서 성숙이 되면 주기적으로 휴대용 굴절당도계로 당도를 조사해 보아 사과 고유의 맛이 날 때를 적숙기로 판단한다.

2. 수확 요령 및 취급

손바닥으로 과일을 감싸고 위쪽으로 접듯이 젖히면서 딴다. 우리나라에서는 과실을 따자마자 전용 가위로 열매자루(과경, 꼭지)를 제거한 다음 수확용 플라스틱 상자(보통 컨테이너 박스라고 하며, 과실을 채우면 18~20kg에 달한다)에 담는 것이 보통이다. 이 같은 수확 방식으로는 작업 효율이 낮을 수밖에 없으므로 외국에서와 같이 열매자루를 제거하지 않고 대형상자(빈, bin)에 담아 산지유통센터(APC)로 보내는 방식으로 개선되어야 할 것이다. 또 최근에는 사다리 대신 여러 종류의 고소 작업차를 이용해 수확하는 사례가 늘고 있다.

수확은 가급적이면 과실의 품온이 낮은 오전 중에 하고, 딴 과실은 선과장이나 예냉시설로 옮겨지기 전까지 상자에 차광망을 씌운 다음 그늘지고 바람이 잘 통하는 곳에 둔다.

3. 만생종 품종의 수확기 과실 동해

사과 과실의 어는점은 당이나 다른 물질로 인해 순수한 물의 빙점인 0℃보다 낮은데, 품종이나 과실의 성숙 정도에 따라 다르다. 보통의 경우 -1.7℃ 정도에서 언다. 피해 위험은 기온이 낮을수록, 저온에 노출되는 시간이 길어질수록 더 커진다. 일반적으로 수확 직전 사과는 -2℃에서 4시간 정도 견딜 수 있는 것으로 알려져 있다. 사과가 얼었다가 다시 녹은 경우 외관상 문제가 없더라도 장기 저장용으로는 적합하지 않다. 그런 경우 분리해서 따로 저장하고, 주기적으로 경도를 측정해 과실 연화가 일어나지 않는지를 확인해야 한다. 치명적으로 언피해를 받은 과실은 해동 후에 과육 갈변을 보인다. 갈변 증상은 과피 표면 또는 그 바로 밑부분에서 나타난다. 갈변이 나타나기까지 일반적으로 24시간이 걸리며, 기온이 오르지 않는다면 더 오랜 시간이 걸린다. 사과 품온이 과육 갈변이 나타나기에 충분한 수준으로 올라간 후 과실을 잘라 갈변 발생 여부를 조사한다. 만약 갈변이 나타났다면 판매할 수 없다. 심각한 언피해를 받았지만 명확한 갈변은 보이지 않는 경우도 있는데, 이 경우 저장 중에 연화가 급속히 진행된다. 이런 과실은 바로 주스나 다른 가공 원료로 사용한다.

   기온이 -1.5℃ 이하로 떨어지면 주의가 필요하다. 경북 북부 내륙의 청송·봉화 지역이나 경기 북부, 강원도 지역에서는 10월 하순부터 기온이 -2℃ 이하로 떨어지는 날이 있으므로 너무 늦게 수확하지 않도록 해야 한다. 사과가 언 경우에는 과실이 완전히 녹을 때까지 기다렸다가 취급해야 한다. 서서히 녹는 것이 좋으며, 빠르게 온도가 오르거나 직사광선에 노출되면 피해가 더 심각해진다.

2. 수확 후 생리

   과실은 수확된 이후에도 호흡·증산과 같은 생리작용이 계속되어 품질 변화가 지속적으로 일어난다.

1 호흡(respiration)

호흡은 세포 내에서 일어나는 여러 가지 물질 변환이나 생합성 등에 필요한 에너지를 얻기 위한 것이다. 다시 말하면 산소를 흡수해 포도당을 분해시켜 에너지를 얻고 이산화탄소와 물을 생성시키는 복잡한 과정이다.

과실은 후숙(ripening) 과정에서 급격한 호흡량 증가를 보이느냐에 따라 호흡급등형(climacteric)과 비급등형(non-climacteric)으로 나누어지는데, 사과는 호흡급등형 과실에 속한다. 이러한 급격한 호흡 증가는 에틸렌 발생 증가에 따른다. 후숙이 완료된 후에 호흡량은 다시 감소하나 노화가 진행되어 품질이 급격히 떨어지게 된다.

호흡에는 온도, 산소, 이산화탄소, 에틸렌의 농도 및 물리적 스트레스 등이 영향을 미친다. 그중에서도 온도가 수확 후 저장수명에 가장 큰 영향을 미친다. 이는 온도가 대사작용이나 호흡과 같은 생물학적 반응에 지대한 영향을 미치기 때문이다. 0~30℃의 범위에서 온도가 10℃ 감소함에 따라 호흡이 대략 절반씩 감소한다.

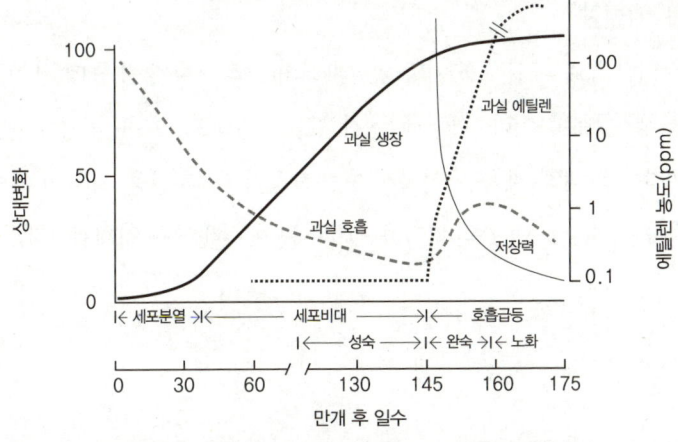

〈그림 12-1〉 사과 생장에 따른 호흡 및 에틸렌 발생 농도

공기 조성 또한 호흡에 영향을 미친다. 수확 이후 과실 속의 세포가 생명을 유지하기 위해 유기호흡을 위한 산소를 필요로 한다. 이것을 역이용하는 CA저장에서는 산소 농도를 낮추어 저장기간을 늘린다. 사과의 경우 저장온도가 적당한 경우 적정 산소 농도는 1% 이하이다.

2 증산작용(transpiration)

과실 내의 수분이 체외로 빠져나가는 것을 증산작용이라 한다. 증산작용은 과실의 중량을 감소시키고, 조직변화를 일으켜 신선도를 떨어뜨리고, 심하면 쭈글쭈글해져 상품성을 잃게 한다. 증산은 과실 표피의 기공, 과점, 상처나 표피 자체의 왁스층을 통해 일어난다. 저장고의 온도와 습도, 공기의 유속 등에 영향을 받는데, 저장고 내의 상대습도가 높을수록 증산작용은 낮아지는 반면, 호흡에 의해 열이 발생되면 증산작용이 활발해진다. 따라서 증산작용에 의한 손실을 최소화하기 위해서는 낮은 온도, 높은 습도에서 저장해야 한다.

3 에틸렌

극미량으로 과실 후숙이나 잎·과실의 탈리조직 형성 등에 관여하는 식물 생장호르몬이다. 에틸렌은 착색을 촉진하고, 호흡을 증대시키며, 세포벽을 파괴해 과육을 연화시키는 작용한다. 저장용 사과의 후숙을 억제하기 위해 1-MCP를 처리하는데 이는 에틸렌작용 억제제이다.

3. 저장 전 처리

1 저장고 소독

저장고 내에 존재하는 곰팡이 포자가 송풍기 바람에 의해 날리면 저장 중이나 유통 중에 과실을 썩게 할 수 있으므로 사과를 넣기 전에 저장고를 철저히 소독해야 한다. 소독 방법은 훈증소독이 일반적이다. 저장고 1㎡당 유황 20~30g을 태워서 24시간 동안 밀폐 훈증하거나 염소산나트륨, 제3인산나트륨 또는 벤레이트가 함유된 약제를 뿌려 소독한다. 유황훈증 시에는 유독한 아황산가스가 발생해 금속을 부식시키므로 철제 기구는 훈증 전에 밖으로 내놓아야 한다. 훈증이 끝난 후에는 저장고를 충분히 환기시킨 후 작업한다. 저장용 상자도 미리 깨끗한 물로 씻은 다음 햇볕에 말려 보관했다가 사용한다.

2 수확 과실의 저장 전 처리

수확한 사과의 신선도를 유지하고, 저장병해나 생리장해를 억제하며, 품질을 오랫동안 유지할 목적으로 저장하거나 출하하기 전에 이루어지는 여러 처리를 포함한다. 세척·수확한 사과의 품온을 낮추기 위한 예냉처리, 과실 연화 억제를 통한 저장수명 연장을 위한 1-MCP 처리, 고두병이나 껍질덴병 발생 억제를 위한 칼슘·디페닐아민(diphenylamine, DPA) 처리 등이 있다.

(1) 세척

선과작업에 투입되는 과실을 물에 띄워 하역함으로써 이송작업에서 물리적 충격을 줄이기 위해 사용하는데(wet dumping), 이렇게 하면 선과작업 전에 표면을 세척해 과실 표피에 묻은 오염물질을 제거할 수 있다. 특히 소비자들의 농약잔류에 대한 우려를 덜기 위해 산성수 또는 오존수와 같은 산화력이 있는 세척제를 사용해 표피를 깨끗하게 하며, 이와 동시에 미생물을 제어하는 효과도 얻고 있다. 이 밖에 표면살균을 위해 전해수나 차아염소수 등도 이용한다. 세척한 과실은 표피의 왁스가 제거되어 출하 과정에서 증산이 심하게 일어날 수 있으므로 이를 방지하기 위해 왁스를 도포하거나 낱개로 플라스틱필름으로 포장해 출하하기도 한다.

(2) 예냉(precooling)

예냉이란 수확 시의 높은 과실온도(품온, field temperature, field heat)를 최적의 저장온도로 신속하게 냉각시키는 것이다. 품온을 낮추면 호흡이나 그 외 생리반응의 속도가 떨어져 저장기간이 늘어나며 저장 중 병해 발생도 줄어든다.

'후지'는 기온이 많이 내려간 10월 하순에서 11월 상순에 수확되므로 예냉의 효과가 적지만, 조·중생종인 경우에는 유통중이나 저장중의 품질 변화를 최소화하기 위해 수확에서 예냉 또는 저온저장까지의 지체 시간을 최소화해야 한다. 기온이 낮아 과실의 품온이 낮은 오전에 수확하는 것이 좋고, 햇볕을 받지 않도록 거적 등으로 덮는다.

국내에서 주로 사용되는 통풍예냉은 별도의 예냉시설이 없는 경우 보통의 저온저장고에 사과를 쌓아 찬 공기를 순환시켜 냉각하는 방법이다. 예냉에 최소 24시간이 걸릴 정도로 냉각속도가 매우 늦다.

(3) 1-MCP제 처리

1-메틸사이클로프로펜(1-methylcyclopropene, 1-MCP, C_4H_6)은 미국 노스캐롤라이나대학에서 1990년대 초반에 개발한 합성호르몬으로, 가스 형태로 에틸렌 수용체와 결합해 에틸렌 작용을 억제한다. 1-엠시피를 '후지', '갈라', '홍옥', '델리셔스'에 처리한 경우 에틸렌 생성 및 호흡 감소로 저장수명이 연장되었다. 현재 사과 저장에 사용되는 제품은 스마트프레쉬(SmartFresh)와 순수 국산기술로 만들어진 이프레쉬(e-Fresh)가 있다. 어느 것이나 저장고를 밀폐시키고 16~24시간 가량 훈증처리한 후 출입문을 열어 충분히 환기시키고, 1개월 동안은 매일 30분씩 환기시킨다.

4. 저장

저장고 구조

저온저장고의 기본구조는 실외기로 묶어져 있는 압축기(compressor)와 응축기(condenser), 실내기 또는 실외기 어느 한 곳에 있는 팽창밸브(expansion valve) 및 실내기인 증발기(evaporator)로 구성되어 있다.

냉매의 순환은 ①압축기는 증발기를 통과한 저압·저온의 기체 상태 냉매를 고온·고압의 기체 상태로 변하게 하며, ②고압·고온의 기체가 응축기를 통과하게 되면 고압·저온의 액체 상태의 냉매로 변해, ③고압의 액체 냉매가 증발기 내에서 감압장치인 팽창밸브를 통과하여 쉽게 증발된다. 액체 냉매가 기체로 변할 때 증발하면서 주변의 열을 빼앗아 냉각되는 원리를 이용해 저온저장고가 운용되며 요즈음은 가습기도 사용한다.

2 저장 방법

(1) 저온저장(low temperature storage)

사과가 얼지 않고 저장중 생리장해가 발생하지 않는 최저온도에서 저장해 호흡작용을 최소화시킴으로써 저장기간을 늘리는 방법이다. 우리나라의 사과 저장에서 가장 많이 사용하는 방법이다. 많은 연구자들의 연구 결과에 의하면 사과 저장을 위한 적정온도는 1~4℃, 상대습도는 90~95%인 것으로 알려져 있다.

(2) CA(controlled atmosphere)저장

밀폐된 저온저장고 안의 산소 농도를 낮추고 이산화탄소 농도를 높여 저장 중인 과실의 생리반응을 최소로 유지시킴으로써 저장기간을 최대화하는 저장 방법이다. 운영비가 과다 소요되고, 1-MCP제의 출현으로 저온저장고를 이용한 1-MCP제 처리로도 충분한 효과가 나타나고 있어 CA저장고 수요는 감소하고 있는 추세이다.

3 과실 상자 쌓기

과실을 넣기 전에 저장고를 미리 냉각시킨 다음, 수확한 사과에서 부패과·상처과·과숙과 등은 골라내고 건전한 것만 성숙 정도별로 선별해 바람이 잘 통하는 상자에 담아 바깥 기온이 낮은 날이나 시간에 넣는 방법이다. 예냉하지 않은 사과를 넣을 때에는 냉각 부하를 줄이기 위해 한꺼번에 넣기보다는 1일당 10~30%씩 나누어 넣는 것이 좋다. 저장량은 저장용량의 70~80%가 적당하다. 상자에는 품종·성숙도 등 묶음별로 입고 날짜를 표시한다.

저장고 내의 위치에 따라 온도 분포가 균일하지 않으면 저장 중인 과실의 후숙이나 노화 정도가 달라져 품질 차이가 발생하며, 심한 경우 언피해를 받을 수도 있다. 이런 문제를 해결하기 위해서는 벽과 천장으로부터 일정한 거리를 두고 상자를 쌓아야 한다. 온도편차를 0.3℃ 이내로 유지하기 위해서는 유니트쿨러 송풍량이 90cmm(㎥/분)인 33㎡(7.5×4.4×4.5m) 저장고에서는 30㎝ 이상, 송풍량이 140cmm인 84㎡(7×12×5m) 저장고에서는 50㎝ 이상의 거리를 두거나, 팔레트 적재 시에는 팔레트 사이 간격을 20㎝ 이상으로 쌓는다. 쌓는 높이는 찬 공기가 잘 순환될 수 있도록 유니트쿨러보다 낮아야 한다.

장기저장용 사과는 저장고의 안쪽에, 단기저장용이나 수확 시에 얼어 정기적인 점검이 필요한 사과는 출입문에 가까운 쪽에 쌓는다. 맨 위 저장상자의 윗부분은 냉각 공기의 흐름이 빨라 과실 표피가 마르기 쉬우므로 비닐이나 부직포 등으로 잘 덮어준다.

4 저장고 관리

(1) 온도

품종별로 어는 피해를 받는 온도가 다르다. 저장온도가 높으면 과실의 호흡량이 많아져 당과 산이 소모되고, 여러 효소의 활동으로 과실 연화도 진행되어 품질이 점점 떨어진다. 일반적으로 사과의 저장 적온은 0~2℃로 알려져 있으나 일부 품종에서는 0℃에서도 저온장해를 받기 때문에 4℃ 정도로 유지한다. 사과 과실이 어는(동결) 온도는 약

-1.7℃인데, 이보다 낮은 온도에 일정 시간 이상 놓이게 되면 언피해가 일어난다. 피해가 심한 경우에는 녹은 후에도 조직이 원상 복구되지 않아 상품성을 완전히 잃는 경우도 발생한다. 따라서 저장고의 온도는 저장고 내의 온도 편차를 고려해 가장 낮은 곳의 온도가 어는점보다 높도록 설정되어야 한다. 저장고 내의 온도는 쌓인 양이나 방향, 천장이나 벽과의 거리, 출입문의 밀폐 정도 등에 따라 편차가 발생하므로 저장고 내 여러 위치에 온도계를 설치해 점검할 필요가 있다. 저장고 내 온도 분포가 고르도록 하기 위해서는 공기가 잘 순환될 수 있도록 상자를 쌓고, 저장고에 저장물을 가득 채우는 것보다 천장과 벽으로부터 일정 거리를 띄우고 쌓는 것이 중요하다.

(2) 습도

저장고 내의 습도가 낮으면 증산작용으로 저장 중인 과실로부터 수분이 빠져 나와 중량 감소가 일어난다. 중량 손실량이 과실 무게의 5% 이상이면 위조가 발생해 경제적 손실이 생기므로 습도를 90~95%로 유지해야 한다. 습도가 낮은 경우에는 분무입자 크기가 작은 가습기를 작동시키거나 저장고 바닥에 물을 뿌려준다. 또한 저장고 내에 입고되는 용기는 가급적 수분을 적게 흡수하는 것이 좋다. 과실 표면에 물방울이 맺혀 병원 미생물의 번식에 유리한 조건이 형성되므로 상대습도는 95%를 넘지 않도록 주의해야 한다.

(3) 환기

과실로부터 방출된 휘발성 물질의 농도가 높아지면 껍질덴병과 같은 저장 중 생리장해가 발생하고 과실 후숙이 빨리 진행되므로 환기가 필요하다. 환기 장치가 설치되어 있지 않은 저장고에서는 외부 기온이 낮은 시간대에 출입문을 열어 환기시킨다. 외부 온도가 영하로 낮을 때 너무 오랫동안 열어 두면 과실이 언피해를 볼 수 있으므로 주의가 필요하다. 특히 저장 후 1개월~1개월 반은 하루에 30분은 환기를 시켜야 에틸렌 피해를 막을 수 있다.

(4) 냉각설비 점검

냉매가 빠졌거나 응축기 방열핀에 먼지나 낙엽이 쌓여 열이 정상적으로 배출되지 못하면 응축기에서 나오는 동파이프의 온도가 높아 손으로 잡지 못할 만큼 뜨거우므로 즉시 필요한 조치를 취해야 한다.

5. 출고

저장고에서 과실을 꺼낼 때에는 기온이 낮은 날이나 시간대를 이용하고, 냉각장치의 작동을 중단시킨 상태에서 작업한다. 저온저장했던 사과를 곧바로 상온에서 유통시키면 과실 표면에 물방울이 맺히고 이것이 골판지 상자 속으로 흘러내려 상자의 강도가 약해진다. 이런 상태의 상자를 여러 단으로 쌓아 운송하면 상자가 찌그러지고 과실은 압상을 받아 제가격을 못 받거나 경매에서 기피당하기도 한다. 또 과실과 외기의 온도 차가 크고 공중습도가 높을수록 과실 표면 물방울 발생량이 많아진다. 플라스틱 상자에 넣어 저장한 사과라면 상온(24℃)에 하루 동안 두어 물기를 제거한 다음 골판지 상자에 포장해 출하한다. 골판지 상자에 넣어 저온저장한 경우에는 전충물(塡充物)을 넣지 않았으면 48시간, 발포 PE 전충물을 넣었으면 72시간 동안 상온에서 두어 물기를 제거한 후 출하하는 것이 좋다. 골판지 상자를 팔레트에 쌓아 출하하는 경우에는 과실에 물방울이 맺히는 것을 방지하기 위해 0.1㎜ PE 비닐로 상자를 싼다.

저장한 사과를 6~7월에 출하하는 경우 유통 온도가 높으면 1-MCP를 처리한 사과일지라도 연화가 급속도로 진행되어 품질이 악화되므로 냉장차 운반으로 유통기간을 늘려야 한다.

6. 저장장해

가. 생리장해

저장중 발생하는 생리장해는 껍질덴병(scald), 고두병(bitter pit), 내부갈변(internal browning), 밀증상(watercore, 蜜病) 등이 있다(9장 생리장해 편을 참조할 것).

〈그림 12-2〉 탄저병(좌), 푸른곰팡이(중), 잿빛곰팡이(우)

2 저장병해

(1) 탄저병(bitter rot, *Glomerella cingulata*)

재배중이나 저장중에 많이 발생한다. 감염 초기에 과실 표면에 둥글고 작은 반점이 나타나 차츰 확대된다. 병반에는 여러 겹의 둥근 무늬가 발생하고 검은 점과 함께 둥근 포자 덩어리가 나타나며, 더욱 진행되면 병반이 가라앉으면서 썩는데 직경 6~16mm의 일정하고 견고한 형태로 약간 가라앉는다. 고온다습한 재배지에서 주로 감염된다. 수확 전 방제가 필요하며, 수확 후 선별 시에는 감염된 과실을 골라내며, 취급 시에 가급적 물리적 상처가 나지 않도록 주의한다.

(2) 푸른곰팡이병(blue mold rot, *Penicillium expansum*)

사과 저장중 가장 일반적으로 나타나는 병이다. 처음에는 엷은 색의 반점이 나타나고 고온이 유지되면 반점이 급속히 확대되어 과육 부분까지 썩게 된다. 높은 습도에서 흰색 곰팡이가 나타나서 차츰 푸른빛을 띠게 되며, 심하면 분말 형태의 포자가 나타나기도 한다. 수확 후 각종 취급 과정이나 저장중에 과피의 상처 부위를 통하여 감염되어 피해를 준다. 수확 후 과피에 상처가 나지 않도록 조심스럽게 취급하며, 과실 품온을 가능한 한 빨리 낮추면 발병을 억제할 수 있다.

(3) 잿빛곰팡이병(gray mold rot, *Botrytis cinerea*)

과피에 연갈색 반점이 나타나 과실 전체가 썩어 들어가며, 과실 표면에 잿빛 가루 형태의 균사가 나타난다. 푸른곰팡이보다 반점이 더 크고 단단하며 감염된 과실의 과육에서 향기가 난다. 땅 표면 근처에 달려있던 과실에 비·바람 등에 의해 균이 옮겨져 감염된다. 수확 후 감염은 주로 수송중에 감염된 과실과 접촉해서 이루어진다. 병 진전이 다른 부패병보다 빨라 감염 과실은 저장중에 대부분 썩는다. 잿빛곰팡이 병원균은 저온 내성이 강하므로 -1~0℃ 범위에서 저장할 경우 병원균 발생을 비교적 억제할 수 있다. 과실 수확 후 선별을 잘해야 한다.

7. 선과 및 포장

선과

사과 선과는 중량 선과와 품질 선과로 나눈다. 중량 선과는 선별기를 이용하는 반면, 품질 선과는 대부분 육안으로 하기 때문에 등급 세분화가 곤란하고 객관적인 등급 규격 표준화가 어렵다. 특히 당도는 극히 일부 과실을 시료로 사용해 측정하기 때문에 출하하는 상품의 전체 품질을 보장하기에는 무리가 따른다. 이러한 어려움은 품질 구성 요소인 색깔·모양·결점 등을 등급화해 구분해 내는 기기 개발 없이는 해결되지 않는다. 최근 국내에서도 점차 색택, 당도 및 내부품질까지 측정이 가능한 비파괴 선별시스템이 장착된 APC(산지유통센터)가 증가하는 추세에 있다.

(1) 선과 방법

가) 개인 선과

소규모 과수원이나 기계 선과에 적합하지 않은 과종에서 실시하고 있다. 사과원에서는 수확한 과실에서 병충해과·생리장해과·기형과·상처과를 제거할 때 인력 선과를 한다. 요즈음은 크기는 중량식 선과기로, 품질 선과는 육안으로 하며, 극히 일부 농가는 휴대용 비파괴당도계를 이용해 당도를 측정해 선과하고 있다.

나) 공동 선과

노동력의 절감과 상품성 증대를 위해 작목반이나 생산자 조합에서 하는 선별방식으로, 작목반의 경우는 중량식 선과기로 크기를 선별하고, 품질 및 장해과를 육안으로 선과한다.

생산자 연합조합이 운영하는 APC(산지유통센터)에서는 크기와 과피 색상뿐 아니라 내부품질인 당도·산도·내부갈변·밀증상 등도 선별하고 있으며, 세척·포장까지도 일관라인으로 구성되어 있다.

(2) 선별 기준 : 등급규격

수확한 사과 종류에 따라 정해진 기준에 의하여 선과하는데, 이 기준을 등급이라고 한다. 국립농산물품질관리원은 국내에서 생식용으로 유통되는 모든 사과의 등급기준을 설정해 제시하고 있다. '특', '상' 및 '보통'으로 제시된 등급을 결정하는 요소에는 무게를 기준으로 한 낱개의 고르기, 착색상태를 나타내는 색택, 외형 품질을 구분하는 신선도, 그 밖에 과실의 품질에 영향을 주는 결점 발생 여부 등이 포함된다. 결점에는 동일 포장용기 안에 다른 품종이 혼입된 경우나, 미숙과·병해충과·생리적장해과·상해과 등이 포함된다.

표 12-3 사과의 크기 구분(국립농산물품질관리원 농산물표준규격, 2014)

구분\호칭	3L	2L	L	M	S	2S
g/개	375 이상	300 이상 375 미만	250 이상 300 미만	214 이상 250 미만	188 이상 214 미만	167 이상 188 미만

사과에서 '특' 등급의 경우, 〈표 12-3〉에서 정하는 무게와 다른 것이 섞이지 않아야 하고, 〈표 12-4〉의 품종과 등급별 착색비율을 만족시켜야 하며, 그 밖에 신선도 기준에는 과피에 품종 고유의 윤기가 있고 수축현상과 결점이 없어야 하는 것이 등이 있다. '상'과 '보통' 등급에는 이러한 기준이 완화되어 적용된다.

표 12-4 사과 품종별 등급별 착색비율(국립농산물품질관리원 농산물표준규격, 2014)

품종 \ 등급	특	상	보통
홍옥, 홍로, 화홍, 양광 및 이와 유사한 품종	70% 이상	50% 이상	30% 이상
후지, 조나골드, 세계일, 추광, 서광, 선홍, 새나라 및 이와 유사한 품종	60% 이상	40% 이상	20% 이상
쓰가루(착색계) 및 이와 유사한 품종	20% 이상	10% 이상	-

2 포장

포장의 목적은 유통과정에서 과실이 상하는 것을 방지하고 수송과 판매에 편리하도록 함으로써 상품가치를 높이기 위한 것이다. 과실은 상하기 쉽고, 또 외관에 의한 상품가치의 판단이 중요시되므로 포장재 선택, 포장단위 결정 및 포장방법에 신중을 기해야 한다. 포장은 겉포장과 속포장으로 구분되며, 겉포장은 속포장을 한 과실의 수송을 돕기 위한 포장이고 속포장은 구매하기 편리하도록 한 것이다. 근래 사회경제적 여건의 변화로 포장단위가 작아지고 있어 대포장보다 소포장이 더욱 널리 이용되고 있다.

(1) 포장 재료

과실을 포장하기 위한 상자에는 과실의 종류나 수송방법, 시장과의 거리, 시장의 관습 등에 따라 여러 가지가 있다. 대개 겉포장재로는 골판지상자를 이용하며, 포장재의 강도는 포장 규격과 크기에 따라 별도의 규정을 두고 있다. 강도가 낮은 자재를 사용할 경우 수송 중 겉포장재가 무게를 견디지 못해 손상되는 경우가 발생할 수 있다.

(2) 상자의 규격

과실의 상자 크기는 중량별로 규정하고 있는데, 5kg 미만의 경우는 별도 규정을 적용하지 않아 임의로 포장할 수 있으나 그 이상의 단위는 표준규격을 정해서 시행하고 있다. 사과는 5kg, 7.5kg, 10kg, 15kg으로 규정하고 있고, 5kg 이하는 특별한 규정이 없으며, 각각의 포장치수는 T-11형 팔레트(1,100mm × 1,100mm)에 적재할 때 최대효율이 나오도록 제시되어 있다.

겉포장재의 구체적인 규격은 한국산업규격(KS A1002)에서 정한 수송포장 69개 모듈과 농산물품질관리원이 제시하고 있는 규격에 맞추되, 변경이 필요한 때에는 T-11형 팔레트의 평면 적재효율이 90% 이상 되도록 제작한다. 겉포장의 높이는 권장치수가 제시되어 있으나 필요하면 해당 농산물의 포장이 가능한 적정 높이(겉포장 및 속포장)로 변경해 사용할 수 있다.

(3) 전충물

주로 이용하는 전충물로는 발포폴리에틸렌망, 난좌형판이 있다. 10kg 이상의 내포장에서는 격자형 골판지가 많이 이용되고, 소포장에서는 난좌형판 또는 발포폴리에틸렌망이 주로 이용된다.

(4) 상자 표시사항

포장상자에는 품목, 품종명, 생산지, 등급, 무게 또는 개수, 생산자 또는 생산자 단체명, 연락처 등을 기재하여 구입한 과실의 생산이력을 추적할 수 있도록 하고 있으며, 이 밖에 '특'과 '상' 등급의 과실에서는 당도를 표시하도록 권장하고 있다.

표 12-5 겉포장제 표시 "예"

표준규격품					
품 목		등 급		생산자(생산자단체)	
품 종		무 게 (개수)	kg ( )	이 름	
산 지				전화번호	

3 간접 마케팅 또는 직접 마케팅 준비를 위한 생산자의 출하 자세

(1) 수확, 선별, 저장

가) 안정적이고 지속적인 출하물량 생산으로 신뢰도를 높이면서 노동력은 분산시키기 위해 경영 여건에 맞게 숙기가 다른 몇 품종을 재식 및 관리할 것

나) 조·중·만생종을 적절하게 재배해 지속적으로 출하함으로써 시장 인지도를 높여 나갈 것

다) 고온기에 수확할 수밖에 없는 조생종 등은 유통 과정중 발생할 수 있는 여러 현상을 방지하기 위하여 품온이 낮은 오전에 수확을 완료해 당일 출하할 것

라) 상품성이 떨어지는 사과(소과·결점과·동록·압상 등)는 공동 선별장에 가기 전에 처리해 일손도 덜고 사과의 가격 형성에도 악영향을 미치지 않도록 할 것

마) 작목반은 수확 이후 농가별로 사과를 저장한 후 출하 일자에 맞추어 공선해 시장에 출하할 것
바) 작목반 출하 시 선별은 농가 단계에서 외관 선별 후 보관, 출하 전 색택 중심으로 선별한 것을 공동선별장에서 다시 과중·당도·결점과 등 육안 선별 후 특품만을 선과할 것
사) 저온저장 시에는 시장 출하 가능 크기별로 가선별하고, 저온저장 후 1차 외관 선별은 시장 출하 가능 여부만을 판단한 후 공동선과장으로 이송
아) 저온저장품의 출하 시에는 색깔·모양·크기별로 2차 선별 작업해 포장 단위별로 난좌를 깔아 포장해 시장에 출하
자) 예냉 및 저온저장 후 출하되는 사과는 표면에 물방울이 맺히지 않도록 관리
차) 출하 시에는 품종이 섞이지 않도록 주의하고, 모양과 크기도 균일하게 해 중도매인이 선호하도록 선별작업을 실시
카) 공동선별장 이용 시 발생할 수 있는 선별 불량 시비를 방지하기 위해 농협·작목반원들이 공동으로 일정 비율의 무작위 최종 검품 실시 후 출하
타) 상품의 신뢰성을 높이고 소비자의 기호에 맞추기 위해 박스 규격을 달리해 선별, 출하
파) 조합법인의 경우는 회원 공동으로 시장별 출하물량을 조절해 회원 농가간의 과당 경쟁을 방지하고 적정 출하물량을 유지할 것
하) 철저한 선별과 확인을 통한 품질 균일화로 출하 초기부터 최고가를 받도록 할 것

(2) 출하

가) 농가는 생산 활동에 집중하고 유통 및 판매 활동은 지역농협이 담당하면 안정적 출하처 확보와 신속한 시장 동향 파악이 가능

나) 전체 물량을 도매시장, 소비자 직거래, 전자상거래로 일정 비율 세분해 출하, 물량 집중화에 따른 가격 손실 방지

다) 수확 직전에는 주요 거래처인 도매시장·유사도매시장·소매점 등을 방문해 가격 수준과 시장의 수요량을 파악하고, 출하 계획을 수립하기 위해 작목반 회원간의 상호 협의를 수시로 실시

라) 대형마트에 대한 유리한 가격 교섭 조건을 마련하기 위해 먼저 가락시장에 최고의 상품만을 출하해 높은 가격을 형성시키고, 대형마트와의 가격 결정에 도매시장 가격을 기준으로 출하하는 전략이 필요

마) 도매시장 출하 물량과 전자상거래가 이루어지는 물량은 특품 위주로 출하하고 소비자 직거래 시에는 특~상 위주로 출하해 가격 교섭력을 확보

바) 농협의 계통 출하 시에도 자체 제작한 포장박스를 이용해 자신만의 고유 이미지를 부각시킬 것

사) 비 예보가 있으면 비 오기 전에 최대한 수확해 출하, 시장에서는 비가 오는 당일에는 경매량이 줄어들기 때문(수송·보관 문제로 당일 판매량만 확보)

아) 집중 출하로 인한 가격 하락을 방지하기 위해 요일별로 소비량 증감의 특징을 고려해 출하량을 조절할 것

자) 출하 시기에 따라 명절(선물용) 때는 대과 위주로 출하하고, 이후에는 중·소과를 출하하는 등 시장 트렌드를 적절히 활용

차) 연도별·월별·일별·등급별·출하처별 판매가격 등의 연간 판매일지를 기록, 분석해 출하 결정의 기초 자료로 활용

카) 출하 전 작목반원들과 농협 직원이 당도 및 품질 등을 함께 확인, 출하시켜 반원들의 전반적 실력 향상 유도 및 자체 품질 기준 설정 유도

(3) 출하 시장 확보 및 대응

가) 수도권 시장뿐만 아니라 전국 각지의 거래처를 확보하되 지속적 거래로 중도매인 및 소비자와의 신뢰를 쌓음으로써 브랜드 이미지 제고와 유지에 각별히 노력할 것

나) 매년 초 전체계획을 수립하고 판매처를 분산해 출하량이 한 곳으로 집중되는 현상을 예방(개별 농가별 일정량 이상을 공동으로 출하한다는 규약을 제정)

다) 시장별 구매 특성을 고려해 특품과 상품은 주로 가락시장으로, 상품과 중품은 주로 수도권 소재 도매법인으로, 중품은 서울 소재 유사 도매시장에 출하해 판매가격 상승을 유도하고, 그 외는 인근의 지방 도매시장으로 출하

라) 연 1회 이상 시장을 방문해 가격동향, 물동량, 타 산지와의 품질 비교 결과를 체크해 생산 및 출하 계획에 반영하고, 출하 시기의 주요 거래처인 도매시장과 백화점 등에는 한달에 한 번은 방문해 각종 문제점 등을 파악해 즉각 반영

마) 지속적인 물량 출하로 중도매인의 납품계획에 차질 없도록 해 신뢰도를 높임

바) 일정한 판로 확보를 위해 주요 거래처에는 약속 물량을 지속적

으로 공급하되 요구 물량 규모에 구간 출하 횟수와 요일은 고정시켜가는 전략을 세움
사) 시장과 소비자의 요구에 부응하는 상품관리 및 출하 노하우를 얻고자 시장(경매사, 중도매인)과 자주 소통할 것
아) 소비자 중심의 품질관리를 위해 본인의 사과를 구매한 도매상에서 소매점까지 추적 방문해 판매동향, 소비자 반응 등의 정보를 수집할 것
자) 가격에는 너무 민감하게 대응하지 말고, 최고의 품질만을 생산한다는 일념으로 식품으로서 안전성이 담보된 고품질과를 생산·출하하면 시장과 고객은 무한한 신뢰를 보낼 뿐 아니라 가격 지지에도 인색하지 않을 것임
차) 시장이 요구하는 사과를 생산하고 지속적으로 공급하면 충성스런 고객층이 형성되고 충성스런 고객은 쉽게 구매처(산지)를 변경하지 않으려 할 것임
카) 리콜 요청이 있을 경우 적극적으로 대응해야 하며, 대응 시에는 농가의 독자적 대응 대신에 출하 도매법인, 농협 등과 상의해 문제점을 파악한 후 리콜을 결정할 것

제13장
사과원 경영

제13장 사과원 경영

1. 경영 여건

1 생산 구조의 변화

(1) 산지의 특성과 변화

사과 도별 재배면적 점유율은 1970~1980년의 경우 경북(49%), 충북(17%), 충남(14%), 경기(8%) 순으로 높았으나 최근에는 경북(61%), 충북(13%), 경남(11%), 전북(7%) 순으로 높다. 즉, 충남과 경기의 산지를 경남·전북 산지에서 대체하고 있다.

한편 최근 재배면적이 크게 증가한 지역은 자연조건이 유리한 지리산 권역을 중심으로 한 경남과 전북이며, 강원 지역은 현재 재배면적이 많지 않지만 최근 급증하는 추세를 보이고 있다. 반면 시장입지와 기술력의 유리한 점으로 성장했던 충남·경기 지역은 도시화 및 기후온난화 등으로 재배면적이 감소했다.

(2) 경영 규모의 변화

사과 재배규모별 농가수의 분포는 전문 경영이 가능한 1ha 이상 농가가 26.4%이고, 사과 주작목 복합경영 수준인 0.5~1.0ha 규모가 29.5%이며, 0.5ha 미만의 영세규모 농가는 44.1%로 1990년 59.2%에 비해 크게 감소했다. 최근 2.0ha 이상 규모의 농가수가 크게 증가하고 있는 이유는 재배규모를 확대할 경우 집약관리가 이루어지지 않아 수량이 약간 감소하지만, 경영의 규모화를 통해 경영비가 절감되고 규모화와 조직화를 통해 상품화·시장교섭력·홍보 등이 유리해 오히려 단위면적당 소득이 높아지기 때문이다.

2. 시장 여건의 변화

(1) 출하 시기

사과의 시기별 시장반입량은 해에 따라 차이는 있으나 반입량이 많은 시기는 9월(추석)과 1월(설날)로 연간 반입량의 27~29%가 반입되고 있으며, 9월(추석) 반입량 비율은 증가하는 반면, 1월 반입량 비율은 감소하는 추세를 보이고 있다. 이는 추석선물용 수요뿐만 아니라 품질이 우수한 '홍로'의 보급 확대로 수요가 증가하면서 중생종 재배면적이 증가했기 때문이다.

그러나 김영란법의 시행과 핵가족·1인가구 증가 및 제례 문화의 변화로 인해 10년 후에는 현재와 같은 소비 패턴에서 벗어나 연중 맛있는 사과를 공급해야 할 것으로 추정된다.

최근 5년(2011~2015년) 동안 사과 품종별 가락시장 반입량은 '후지'〉'홍로'〉'쓰가루'〉'양광' 순으로 많고 이들 품종의 주출하시기는 '후지' 1월, '홍로' 9월, '쓰가루' 8월, '양광' 10월이다.

월별 반입량은 11월에서 다음해 6월까지는 '후지'가 주로 출하되고 있으며, 7월에는 '후지', '쓰가루'가 주로 출하되고, 8월에는 '쓰가루'와

'홍로'가 주종이고 일부 '후지'와 '산사'가 출하되고 있다. 9월에는 '홍로'가 주종이고 '료카'와 '홍장군'이 일부 출하되고 있으며, 10월에는 '양광', '시나노스위트', '후지'가 주종이고 '홍로', '홍옥', '감홍'이 일부 출하되고 있다.

최근 5년(2011~2015년) 동안 월별 품종별 평균거래가격은 11~12월의 경우 '후지'의 가격이 일부 출하되는 다른 품종에 비해 높고, 7월에도 '후지' 가격이 쓰가루에 비해 높다. 8월 주요 출하 품종의 가격은 '홍로'〉'산사'〉'후지'〉'쓰가루' 순으로 가격이 높고, 9월의 경우에는 '홍로' 가격이 '료카', '홍장군'에 비해 월등히 높다. 다양한 품종이 출하되는 10월에는 '양광'〉'감홍'〉'홍옥'〉'후지', '시나노스위트' 순으로 가격이 높았다.

(2) 유통경로와 유통비용

우리나라에는 매우 다양한 농산물 유통경로가 공존하고 있는데, 특히 1990년대 대형유통업체의 등장으로 유통경로에 큰 구조적인 변화가 있었다. 현재 사과 유통경로 중 시장점유율이 가장 높은 경로는 '생산자 → 생산자단체 → 대형유통업체 → 소비자'이며, 이외에도 다양한 경로로 사과가 거래되고 있다.

대형유통업체를 경유하는 유통경로는 다른 유통경로에 비해 유통단계의 축소를 통한 유통의 효율화로 유통비용이 절감되며, 이에 따라 시장점유율이 2000년 35%에서 2014년 47%로 크게 높아지고 있다.

대형유통업체를 통한 유통경로에서는 소비자의 요구가 바로 시장에 표출됨으로써 생산과 유통이 빠르게 소비자 지향적으로 전환되고 있다. 생산자(단체)가 시장점유율이 확대되고 있는 대형유통업체와 직거

(단위:%)

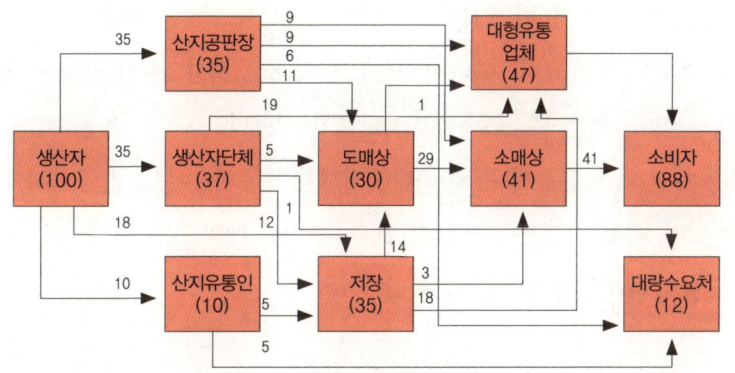

〈그림 13-1〉 주요 산지의 사과 유통경로
자료 : 한국농수산식품유통공사, 사과 유통실태(2014)

래를 하기 위해서는 보다 고객지향적인 생산 및 수확 후 처리가 필요하며, 가격 결정과 산지 처리방식 등 변화에 대응하는 경영자로서의 자세와 준비가 필요하다.

사과의 유통마진을 비목별로 살펴보면 간접비가 가장 큰 비중을 차지하고 있으며, 유통단계별로 보면 소매단계에서 유통마진의 58%가 발생하고 있다. 사과의 대표적인 유통경로는 ①농업인의 산지유통조직 강화로 비중이 높아진 A경로(생산자 → (생산자단체) → 도매상 → 소매상 → 소비자), ②산지유통인과 도매상을 경유하는 전통적인 유통경로인 B경로(생산자 → 산지유통인 → 도매상 → 소매상 → 소비자), ③대형유통업체의 등장으로 시장 점유율이 가장 높은 C경로(생산자 → (생산자단체) → 대형유통업체 → 소비자) 등이다.

이들 유통경로별 농가수취가격 및 유통비용을 살펴보면 농가수취가격이 가장 높은 경로는 C경로이지만 농가수취율은 A경로가 가장 높은 것으로 나타났으며, 반면 B경로는 농가수취가격도 낮고 농가수취율도 낮은 것으로 나타났다. 따라서 B경로는 앞으로 시장점유율이 더욱 낮아질 것이다. 한편 C경로에서 도매단계가 생략되었음에도 유통비용율(유통마진)이 높은 이유는 출하단계에서의 유통비용이 크게 증가하기 때문이며, 이를 수행하는 생산자(단체)에 대한 대형유통업체의 요구사항이 많기 때문임을 유추할 수 있다.

표 13-1 사과 유통경로별 가격 및 유통비용의 구성 (단위:%)

구분		전체평균	A경로	B경로	C경로
농가수취율		57.4	57.9	54.0	56.9
유통비용율		42.6	42.1	46.0	43.1
비용별	직접비	12.7	12.5	12.4	14.4
	간접비	14.7	14.2	16.1	16.6
	이윤	15.2	15.4	17.5	12.1
단계별	출하단계	9.2	7.9	12.5	14.4
	도매단계	8.6	9.3	9.3	3.0
	소매단계	24.8	24.9	24.3	25.8
가격 (원/kg)	농가수취가격	2,500.0	2,469.6	2,336.2	2,775.0
	소비자가격	4,356.0	4,261.0	4,325.0	4,880.0

*자료 : 한국농수산식품유통공사, 사과 유통실태(2014 재정리)

2. 경영 분석

1 경영 분석의 기초

농업 경영 분석의 핵심 지표인 소득과 순수익의 내용을 살펴보면(그림 13-2), 소득은 조수입{주산물가액(수량×단가) + 부산물 가액}에서 경영비를 공제하고 남는 잉여분으로 자가노동·자본·토지의 수익과 순수익을 합한 혼합수익이며, 경영비는 외부에서 구입해 투입된 일체의 비용으로 감가상각비를 포함한다. 순수익은 조수입{주산물가액(수량×단가) + 부산물 가액}에서 생산비를 공제한 잉여분이며, 생산비는 경영비에 기회비용 성격의 자가노력비·자기자본용역비·자가토지용역비 등을 합한 총 투입 비용이다.

소득증대를 위한 소득의 구성 요소별 방향은 자기자본용역비·자가토지용역비의 경우는 농가 보유자원의 한계로 어려움이 있으나, 자가노력비의 경우는 연중 일하는 작목 선택 및 작부 체계 수립으로 높일 수 있다. 일반적으로 소득이 높은 작목인 원예는 다른 작목에 비해 노동력이 많이 소요된다. 한편 가장 비중이 큰 순수익은 기술·경영의 혁

조수입	부가가치		경영비	중간재비	생산비	경영비	
				고용노력비			
				토지임차료			
				차입자본이자			
	주생산물			소득		자가노력비	
						자가토지용역비	
						자기자본용역비	
						순수익	

〈그림 13-2〉 부가가치, 소득, 순수익 구성 내용

신에 의해 발생한다. 즉 새로운 기술·품종·작목 등을 도입한 경우 혹은 전자상거래 등 새로운 유통경로의 개척을 통해 상대적으로 고소득을 실현하는 사례가 많다. 하지만 이러한 혁신은 위험부담을 수반하기 때문에 사전에 충분한 정보를 바탕으로 위험을 최소화하는 노력이 필요하다.

2 소득의 변화와 특성

사과의 10a당 소득은 2014년 341.7만원으로 벼농사의 6배이다. 이 같은 상대적으로 높은 소득은 사과 재배기술의 난이도가 높고, 나무를 키우는 동안 수익 없이 많은 투자를 요함으로써 사과 경영에 일종의 진입장벽이 있기 때문이다. 사과의 소득은 경영비와 수량이 완만히 증가하는 가운데 가격(재배면적, 품질, 수요)에 의해 좌우되고 있다.

같은 사과를 재배해도 농가에 따라 소득 차이가 크게 발생하는데(표 13-2), 2014년의 경우 사과 재배농가 중 10a당 소득이 높은 상위(20%) 농가의 소득은 하위(20%) 농가 10a당 소득의 6배 수준으로 큰 차이를 보이고 있다. 이는 상위 농가가 하위 농가에 비해 수량이 2.2배 많았을 뿐만 아니라 가격(품질)도 1.3배 높았기 때문이다. 즉, 사과의 수익성을 높이기 위해서는 품질 향상도 중요하지만 안정적인 수량의 증대도 중요한 과제이다. 그러나 상위 농가가 하위 농가에 비해 제재료비·조성비·농약비·영농시설상각비 등을 많이 쓰고 있다. 이는 상위 농가가 하위 농가에 비해 개원할 때부터 집약생산을 위해 준비를 하고, 반사필름 등 다양한 자재를 이용하며, 병해충방제를 철저히 하는 등 집약적인 관리를 하고 있기 때문이다.

표 13-2 사과 소득수준별 농가 경영성 비교 (단위: 천원/10a, 2014)

구분		하(A)	중	상(B)	B/A
조수입	조수입	3,202	5,275	8,780	2.7
	수량(kg)	1,339	2,001	2,911	2.2
	가격(원/kg)	2,445	2,721	3,123	1.3
경영비	조성비	129	127	152	1.2
	무기질비료비	99	75	99	1.0
	유기질비료비	141	140	141	1.0
	농약비	305	294	331	1.1
	광열동력비	96	93	97	1.0
	제재료비	307	296	489	1.6
	대농구상각비	240	305	273	1.1
	영농시설상각비	115	141	132	1.1
	수선비	40	62	41	1.0
	토지임차료	72	42	46	0.6
	고용노력비	624	402	576	0.9
	기타	12	43	23	0.9
	계	2,180	2,021	2,401	1.1
소득		1,022	3,254	6,380	6.2
노동시간	자가(시간/10a)	90	83	99	1.1
	고용(시간/10a)	66	44	75	1.1

3 비용 구성의 변화와 특성

사과의 10a당 생산비는 2014년 344.6만원으로 1980년 이후 7배로 증가했으며, 1980년대 이후 농가구입가격지수를 뛰어넘어 크게 증가하는 추세이다.

사과 생산비 중 증가율이 높은 비목은 기계화와 관련된 대농구상각비·광열동력비·수선비 등과 영농시설상각비, 기타 등이다. 기계화 관련 비용의 증가는 1980년 사과 생산비 중 노력비가 50%를 점유하고 있는 가운데 농촌 노임이 높은 상승률을 보이고 있어 기계화를 통한 생산비절감이 경영개선의 핵심과제였기 때문이다. 이를 통해 사과재배에 소요되는 노동시간이 1980년에는 10a당 441시간이었으나 2014년에는 142시간으로 절감되었다.

한편 영농시설상각비 증가는 저장시설·선별시설 등의 보급이 확대되었기 때문이며, 기타비용의 증가는 위탁영농비와 농기계·시설 임차료 등이 증가했기 때문이다. 즉, 사과 생산비의 증가는 노임상승에 따른 더 많은 생산비의 증가를 대체하기 위한 기계화와 출하조절을 통한 경영안정화를 위한 비용의 증가에 의해 주도되었다.

표 13-3 사과 비목별 생산비의 변화 (단위:원/10a)

구분	10a당 생산비			
	1980	1990	2000	2014
조성비	18,834	30,024	63,976	132,865
무기질비료비	11,915	34,298	58,475	89,586
유기질비료비	16,462	45,504	95,402	140,118
농약비	28,062	89,798	192,318	303,074
광열동력비	2,647	10,320	31,713	93,813
제재료비	47,867	101,530	271,317	336,596
대농구상각비	4,859	28,369	169,436	290,805
영농시설상각비	11,736	8,770	49,693	134,482
수선비	4,210	14,963	20,795	53,807
노력비	245,802	617,062	851,628	1,435,136
토지용역비	51,660	202,026	236,107	264,857
자본용역비	38,645	55,828	161,170	132,577
기타	3,370	17,182	7,897	39,039
계	486,069	1,267,639	2,209,927	3,446,735

사과 생산비의 특성을 살펴보면(표 13-4), 생산비 중 점유율이 높은 비목은 노력비 67%, 제재료비 16%, 농약비 14%, 대농구상각비 14% 순이며, 이중 노력비는 농가 간의 차이가 커서 비용절감의 여지가 많은

것으로 분석되었다. 한편 규모와 10a당 생산비의 관계는 규모화를 통해 절감이 가능한 것으로 나타났으며, 특히 대농구상각비와 자본용역비, 노력비 등은 규모화를 통한 절감 가능성이 높은 비목이다.

조수입과 10a당 생산비의 관계를 보면 조수입의 증대는 생산비의 증가를 유발하고 있으며, 특히 조성비를 비롯한 포장재비 등 제재료비, 인공수분·열매솎기·봉지씌우기 등의 노력비는 품질 및 상품성 향상을 위한 중요한 비목으로 조수입 증대와 관계가 높은 것으로 나타났다.

표 13-4 사과의 비목별 경영적 특성 (단위: 원/10a, 2014)

구분	금액(구동비)	상관계수 규모	상관계수 조수입
조성비	132,865 (6.2)	−0.14	0.26
무기질비료비	89,586 (4.2)	−0.12	0.20
유기질비료비	140,118 (6.5)	−0.06	0.16
농약비	303,074 (14.1)	−0.16	0.31
광열동력비	93,813 (4.4)	−0.13	0.18
제재료비	336,596 (15.7)	−0.13	0.47
대농구상각비	290,805 (13.5)	−0.26	0.16
영농시설상각비	134,482 (6.3)	−0.17	0.17
수선비	53,807 (2.5)	−0.04	0.09
노력비	1,435,136 (66.8)	−0.20	0.27
토지용역비	264,857 (12.3)	−0.07	0.20
자본용역비	132,557 (6.2)	−0.24	0.28
기 타	39,039 (1.6)	−0.01	0.05
계	3,446,735 (100)	−0.28	0.47

즉, 노력비는 절감의 여지가 많은 비목으로 규모화를 통한 절감방안 모색이 필요하나, 노력절감에 따른 수량 및 품질의 저하로 조수입 및 소득의 감소가 우려되므로 노동력 절감형 재배기술 도입 등 신중한 접근이 요구된다.

3. 경영 개선

1. 경영 개선의 방향

농가 경영을 개선하려면 조수입 증대를 위해 기술혁신과 규모확대로 생산량을 증대하고 출하조절 및 품질향상으로 농가수취가격을 제고하는 한편, 비용 절감을 위해 자재의 공동구매, 농기계·시설의 공동이용, 비용 절감 기술의 도입 등이 필요하다.

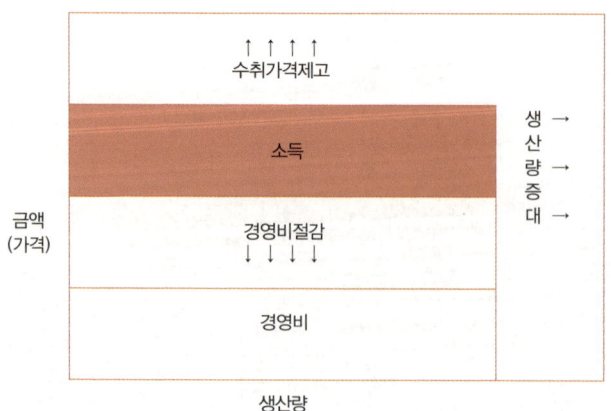

〈그림 13-3〉 경영개선의 기본방향

그러나 현실 경영에서는 비용 절감을 위해 유기질비료(퇴비)를 절감하면 수량이 감소하고, 품질이 떨어지는 등의 문제가 발생한다. 즉, 수량 증대 및 품질 향상과 비용 절감은 서로 상반되는 경우가 대부분이다. 따라서 합리적인 경영개선이란 이러한 상반된 상황에서 농가의 여건에 맞는 의사결정을 하고 이를 경영에 반영하는 과정으로, 농가의 여건에 따라서 각기 다른 의사결정이 이루어질 수 있다.

2. 생산량 증대에 의한 경영 개선

농가의 10a당 사과 수량을 조사한 결과(표 13-5), 1,500kg 미만이 22%이고 3,000kg 이상이 11%로 농가 간에 10a당 수량의 차이가 큰 것으로 나타났다. 이러한 10a당 수량의 차이는 소득 차이로 나타나는데, 10a당 수량 3,000kg 이상인 농가는 수량이 낮은 농가에 비해 경영비가 2배 이상으로 증가하지만 수량 증대에 의한 조수입 증대로 소득이 3.2배 증가하고 있다. 수량이 많은 농가는 수량이 낮은 농가에 비해 집약적인 생산을 하기 위해 밀식재배를 하고, 노동시간도 많이 소요되며, 집약적인 관리로 재배규모는 약간 작다. 수량이 높은 농가가 수량이 낮은 농가에 비해 많이 소요되는 비용은 농약비·무기질비료비·고용노력비·제재료비·대농구상각비 등인데, 고용노력비·제재료비는 수량 증가로 많이 소요되는 비용이고, 농약비·무기질비료비는 수량을 증대하기 위해 많이 투입하는 비용이다.

표 13-5 수량 수준별 경영성과 (단위:천원/10a, 2014)

구분	1.5톤 미만(A)	1.5~2.0톤	2.0~2.5톤	2.5~3.0톤	3.0톤 이상(B)	B/A
조사 농가수	30 (22.2)	39 (28.9)	41 (30.4)	10 (7.4)	15 (11.1)	
조수입	3,314	5,183	5,973	6,639	9,170	2.77
수량(kg/10a)	1,096	1,796	2,269	2,701	3,577	3.26
단가(원/kg)	2,996	2,850	2,618	2,449	2,563	0.86
경영비	1,480	2,269	1,984	2,436	3,269	2.21
소득	1,834	2,914	3,989	4,203	5,901	3.22
재배규모(ha)	2.18	1.58	1.56	1.03	1.57	0.72
노력(시간/10a)	100	138	136	146	254	2.55

3 가격 제고에 의한 경영 개선

사과의 수취가격 수준별 경영성과를 보면, 대과 생산으로 수취가격이 높을수록 수량은 감소하지만 조수입은 증가하고 있다. 또한 가격 제고를 위해 경영비가 많이 소요되지만 조수입의 증가분이 더욱 커서 단위면적당 소득이 증가하고 있다.

표 13-6 규모별 사과 kg당 수취가격 수준별 경영성과 (단위:천원/10a, 2014)

구분		2.0 미만	2.0~2.5	2.5~3.0	3.0~3.5	3.5 이상
조수입	금액	3,234	4,968	5,623	6,437	7,185
	수량(kg)	2,033	2,200	2,054	1,996	1,702
	단가(원)	1,587	2,248	2,712	3,191	4,221
경영비		1,527	2,105	2,041	2,229	2,767
소득		1,707	2,863	3,582	4,208	4,417

가격은 경영성과에 중요한 요소이지만 기본적으로 시장에서의 수요와 공급에 따라 결정되며, 농업경영주의 입장에서 관리가 가능한 부문은 품질·품종·출하시기·상품성·판로·시장교섭력 등이 있다.

품질은 소비자가 그 차이를 인식하고 그에 따라 차등적인 가격 지불 의사가 있어야 한다. 소비자의 사과 선택 기준에 대한 조사 결과는 맛(당도), 가격, 원산지, 브랜드, 안전성 순으로 중요하다고 나타났으나, 실제 사과의 경매가격은 과실 크기와 착색 등에 따라 차이가 크다.

시장에서는 대과의 가격이 높은데, 그 이유는 선물용·제수용으로 대과가 선호되고, 소비자로서는 맛이 중요한 구매 기준이지만 구매 단계에서 맛의 차이를 인식할 수 없기 때문에 과의 크기와 착색 등으로 대신하기 때문이다. 이와 같이 소비자의 사과 선택 기준과 가격이 서로 다르게 작동되는 것은 사과산업의 발전을 저해하는 요인이 될 수 있다.

따라서 단기적으로는 가격 관련 품질의 문제에서 대과 생산 및 착색 증진기술이 중요하지만 장기적으로는 맛있는 사과 생산이 중요하다.

품종은 가격을 결정하는 중요한 요소로서, 주품종별 수익성(2013년)을 살펴보면 가격은 '홍로'〉'감홍'〉'후지'〉기타 품종 순으로 높으나, 소득은 '홍로'〉'후지'〉'감홍'〉기타 품종 순으로 높은 것으로 나타났다. '감홍'의 경우 '후지'에 비해 가격은 높으나 소득이 낮은 이유는 품종에 적합한 기술체계가 확립되지 않아 수량이 적어 조수입이 낮기 때문이다. 따라서 품종에 적합한 기술체계가 정립되면 높은 수익성을 실현할 수 있을 것이다. 한편 최근에 육종된 중소과형 품종들은 1인가구의 증가에 따라 장기적으로는 선호될 수 있을 것이다.

출하시기와 관련 저장사과의 가격을 살펴보면, 11월 대비 5월 가격등락률은 최근 17년 중 50% 이상 상승 9회, 30~50% 상승 1회,

10~30% 상승 3회, 10% 미만 상승 혹은 하락 4회 등으로 해에 따라 큰 차이를 보이고 있다. 사과의 저온저장 여부 및 출하시기는 저장 물량뿐만 아니라 수입과일(오렌지·포도)의 물량, 다른 과채류 출하량 등의 관련 유통정보를 수집·분석 후 신중히 결정해야 한다.

한편 추석 관련 출하 전략은 평년작인 경우 추석 5일 이전에 출하를 완료하는 것이 바람직하며, 가격이 높게 형성되었을 때는 추석선물용 수요에 적합한 소포장 출하가 유리하다. 추석이 빠른 해에는 도매가격과 소비자가격의 차이가 크므로 소비자 혹은 소매상과의 직거래를 적극적으로 고려해야 한다.

상품성은 선별·포장·브랜드화 등과 관련된다. 선별의 경우 지역공동의 품종별·시기별 선별기준을 설정·준수하고, 선별등급의 기준은 선별 노동력 및 규모를 감안하되 소비자가 등급선별 차이를 인식할 수 있어 가격 차별화 효과가 있도록 설정되어야 한다. 포장 디자인과 단위는 유통효율과 소비자기호 등을 고려해 선택하고, 로컬푸드매장 등에서 소비자와 직거래할 때는 소비자의 1회 구입액 빈도가 가장 높은 5~6천원 수준의 소포장으로 판매한다.

상품 브랜드는 타 지역, 타 농가와 구별되는 기능이나 특색을 표현해 가격제고 및 수요확대를 기대하기 위한 작업이지만 현실적으로 그러한 효과를 보는 경우는 많지 않다. 브랜드 제고를 위한 홍보의 경우 산지와 도매단계에서는 박스 단위 중심으로 거래가 이루어지고 있으나 소비자는 봉지 단위 혹은 낱개 단위로 구입하는 경우가 많아 소비자 대상의 홍보는 낱개 라벨 표시가 필요하다. 이 외에도 브랜드 제고를 위해서는 품질 균일화, 전속출하, 물량 규모화, 규격화 등을 통하여 지속적으로 시장(소비자) 인지도를 높여야 한다.

농산물 판로는 도매시장, 대형유통업체, 전자상거래, 일반직거래 등 과거에 비해 다양화되어 각 판로에 적합한 출하전략이 필요하다. 도매시장은 위치, 중매인의 거래처 등에 따라 요구되는 상품의 특성이 다르므로 이를 고려해 선택하되 전속출하를 하는 것이 유리하다. 대형유통업체를 통한 판매는 정기·정량·정품질의 유통을 선호하므로 이에 부응할 수 있어야 하고, 거래계약을 체결할 때는 거래조건에 대해 충분히 검토하고, 중하품의 처리와 거래처 관리비용 등도 고려해야 한다. 전자상거래는 도매시장이나 대형유통업체 등에서 제값 받기 어려운 차별화된 상품 혹은 가공품에 한하는 것이 바람직하고, 경영주의 정보화 능력 및 성향, 홍보방법, 시장개척(고객확보)에 오랜 시간이 요구되는 문제 등에 대한 고려가 있어야 한다. 사과의 경우 소비자 직거래가 최근 증가하고 있는데 경영주의 고객 대응능력, 입지여건(왕래빈도, 접근성) 등을 고려하고 추진해야 하며, 목표 거래량, 홍보방법, 거래장소, 가격 제고 효과와 직거래에 따른 추가 비용 등에 대한 검토 및 준비가 있어야 한다.

시장교섭력 제고를 위해서는 우선 시장점유율 향상을 위해 개별 농가의 거래규모 확대뿐만 아니라 마을·읍면 단위의 출하조직을 통한 공동 출하가 유리하고, 경영주의 시장정보 수집·분석·활용 능력도 요구된다.

4. 적정규모를 통한 경영 개선

사과의 재배규모별 경영성과를 보면(표 13-7) 2014년의 경우 3.0ha 이상 대규모로 전문경영을 하는 농가의 10a당 소득이 소규모(1ha 미만) 농가에 비해 9% 높은 것으로 나타났다. 이는 대규모 전문농가가 소규모 농가에 비해 조수입이 2% 많고, 경영비도 10% 적게 소요되었기 때문이다. 대규모 전문경영의 조수입이 많은 이유는 조방적 경영으로 수량은 10% 감소되었지만 시장교섭력의 증진으로 가격이 15% 높았기 때문이다. 또한 경영비가 적게 소요되는 이유는 규모화로 고용노력비·토지임차료 등은 많이 소요되지만 나머지 비목에서는 규모경제의 효과로 적게 소요되었기 때문이며, 특히 대농기구상각비·영농시설상각비·수선비 등에서 차이가 컸다.

노동시간은 규모화에 따라 감소하는 경향이나, 고용노동력 의존율이 높아지면서 고용노력비가 증가해 해에 따라서는 단위면적당 소득을 저하시킬 수도 있으며, 전체노동시간이 증가하게 되어 규모 확대의 제약요인이 되고 있다. 즉, 사과는 규모 확대를 통해 전체적인 수익성을 증대할 수 있으나 사과원 특성상 노동제약으로 인한 한계가 있다. 따라서 적정한 수준으로 규모를 확대할 필요가 있다.

사과원을 위한 농지 확보에 어려움이 없는 경우는 생력화와 노동력 분산을 통한 규모 확대를 고려할 수 있다. 우선 저수고 밀식재배는 정지전정·적과·착색관리 등의 전반적인 작업의 효율성을 증진시킴으로써 이들 작업의 노동시간을 60~75% 절감할 수 있고, 경제적인 농기계 및 시설 도입, 무대재배, 약제 적과, 산지유통센터 운영 등을 통한 생력화를 기대할 수 있다. 또한 수확 관련 노동력의 분산을 위한 품종안배(조생종 22%, 중생종 17%, 만생종 61%) 및 저수고 밀식재배로 가족노동을 중심으로 해 3.1ha까지 규모 확대가 가능하다.

사과재배를 위한 농지 확보에 어려움이 있는 경우는 단위면적당 수익성을 높이기 위해 더욱 노력하고, 한편으로는 2·3차 산업(가공, 관광)과 연계한 농업의 외연적 확대로 1ha의 규모에서도 일정 수준 이상의 소득을 실현하기 위한 방안의 모색이 필요하다.

표 13-7 재배규모별 경영성과 비교 (단위: 천원/10a, 2014)

구분	1.0ha 미만(A)	1.0~2.0ha	2.0~3.0ha	3.0ha 이상(B)	B/A
조수입	5,389	5,839	5,201	5,472	1.02
수량(kg/10a)	2,073	2,149	1,905	1,850	0.89
단가(원/kg)	2,577	2,701	2,703	2,959	1.15
경영비	2,162	2,258	1,909	1,940	0.90
소득	3,227	3,580	3,292	3,532	1.09
노력(시간/10a)	147	154	123	120	0.82

표 13-8 사과 작업단계별 노력절감 방안 (단위: 시간/10a, %)

작업단계	노동시간	고용노력	노력절감 방안
시비	4.4	9	관비재배
전지·전정	17.9	16	왜성밀식재배
경운·정지	0.7	0	대형기계, 공동이용
적뢰·적과	14.2	18	왜성밀식재배
결실관리	32.8	50	약제적과, 왜성밀식재배
봉지재배	4.2	43	무대재배, 왜성밀식재배
병충해방제	7.0	3	대형방제기, 적기방제
제초	2.3	9	초생재배
착색관리	14.8	40	왜성밀식재배
수확	29.1	54	품종안배, 왜성밀식재배
운반 및 저장	4.5	27	운반시설, 장치도입
선별 및 포장	11.3	29	품종안배, 산지유통센터
기타	2.9	10	
계	145.7	35	

5. 비용절감을 통한 경영 개선

비용절감을 위해 기본적으로 고려할 사항은, 10a당 비용을 절감하는 것도 중요하지만 10a당 수량을 증진하는 것도 결국 kg당 비용을 절감하는 방안이라는 점이다. 또한 비용절감과 동시에 조수입 감소로 수익성이 낮아진다면 비용절감은 의미가 없으며, 비용절감 노력의 효과가 큰 비목을 우선 절감 대상으로 설정해야 한다.

각 비목의 구성비와 농가간의 차이, 조수입과의 관계를 검토한 결과 점유율이 높은 비목은 노력비〉제재료비〉농약비〉대농구상각비 순이며, 이들 비목은 규모화·협업화를 통한 절감 가능성이 매우 크다.

개별 농가의 경영개선은 여건에 따라 차이가 있으므로 표준경영진단표 등을 이용해 자가 경영진단 혹은 전문가 경영진단을 내린 후 경영개선 방안을 찾는 것이 바람직하다.

4. 경영진단 및 사례

1. 경영진단의 의의와 방법

건전한 경영체로 유지·발전시키기 원하는 경영주라면 자기의 경영성과를 분석하고 경영실태를 파악해 합리적으로 경영되고 있는지, 경영체의 장점과 결함이 무엇인지를 찾아내는 일이 필요하며, 이를 경영진단이라 한다. 경영진단은 자가진단을 통해 개선해나가는 것이 가장 이상적이지만 실제로는 경영활동의 모든 문제점을 경영주가 찾아내는 것이 어려워 외부 전문가에 의한 진단이 필요한 경우가 많다.

경영은 '계획 → 수행 → 진단 → 개선계획'의 순환과정에서 성장·발전할 수 있으며, 경영진단은 보다 나은 앞으로의 경영개선계획을 수립하기 위해 실시한다.

경영진단은 '경영실태 파악 → 문제점 발견 → 문제의 분석 → 대책과 처방'의 순서로 이루어진다. 경영실태 파악은 경영실태를 알아보는 단계로 경영의 내용을 수치화(수량·시간·금액·비율 등의 진단지표)하는 작업이다. 다음은 파악한 경영실태를 대비치(표준치·평균치 등)와 비교해 경영상의 장점과 문제점을 도출한다. 다음 단계는 문제점의 요인이 무엇인지를 인과관계를 따지면서 정밀하게 분석하는 과정으로 발견된 문제와 관련된 비용구조·판매방법·재배기술 등을 진단한다. 그런 다음 마지막 단계로 문제요인에 대해 요인별 개선방안과 이를 총괄하는 종합적인 개선방안을 수립한다.

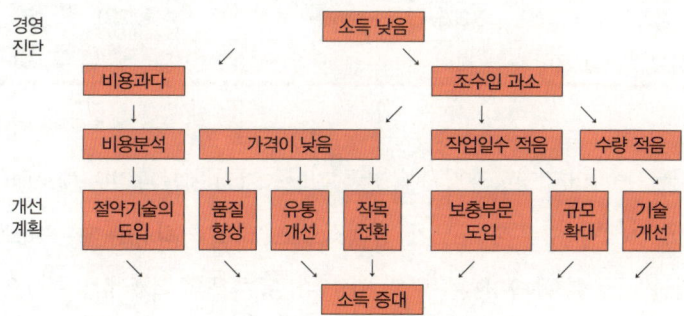

〈그림 13-4〉 경영진단과 개선계획

2 경영진단 사례

경영진단에는 전문성이 요구되지만, 농촌진흥청에서는 비전문가도 경영상의 핵심 문제와 대책을 쉽게 도출해 현장에서 활용할 수 있도록 경영표준진단표를 개발·보급하고 있다. 여기서 그 작성 및 활용 사례를 살펴본다. 경영표준진단표는 농가일반현황, 경영성과지표, 세부평가 진단표, 종합평가 진단표 등 4개 부문으로 구성되어 있다. 농가일반현황에서는 농가의 소득수준을 종합적으로 판단하고, 경영성과지표에서는 경영개선의 종합적 방향(적정규모·수량증대·가격제고 등)을 설정하며, 세부평가 진단표에서는 세부적인 기술·경영의 실태를 파악하고, 종합평가 진단표에서는 세부평가 진단표를 종합해 경영개선 세부 방안(품종개량·시설개선 등)을 도출한다.

표 13-9 사례 농가 경영성과지표 분석

평가 진단 항목	전국	도	시군	진단 농가	대비
수량(kg/10a)	2,355	2,332	2,012	1,920	82
상등품률(%)	63	61	60	70	111
소요노력(시간/10a)	194	210	218	184	95
경영규모(㎡)	15,296	13,046	15,282	10,230	67
노동생산력(kg/시간)	12	11	9	10	86

사례 농가의 경영성과지표를 전국 진단농가의 평균과 비교해보면(표 13-9), 10a당 수량과 규모가 상대적으로 낮으나 상등품률은 비교적 양호한 것으로 나타났다. 한편 10a당 노동시간은 적게 소요되었으나 10a당 수량을 감안한 노동생산력은 낮은 것으로 나타났다. 결국 사례 농가는 10a당 수량을 높이면서 지역 여건을 감안해 규모를 확대하는 것이 중요한 경영개선 과제이다.

경영개선의 구체적인 방안을 세부요소별 진단 결과를 통해 살펴보자(표 13-10). 세부요소별 진단 결과 전국 평균에 비해 크게 낮은 부문은 품종안배, 시비, 적뢰·적화·적과, 농기계 이용체계, 저장 등이며, 이들 세부요소별 문제점과 대책을 살펴본다.

우선 단일 품종 중심으로 재배하고 있는데, 이는 규모 확대의 제약요인이 될 뿐 아니라 각종 재해 및 특정 시기의 가격 등락이 있을 경우 경영의 불안정성을 높인다. 따라서 조생종·중생종·만생종의 적절한 안배가 요구된다. 또한 주위 독농가 과수원을 모방한 시비로 본인의 과원에 적합한 시비체계를 구축하지 못해 수량이 낮은 것으로 나타났다. 따라서 농업기술센터에 토양검정 및 엽분석을 의뢰하고 전문가의 컨설팅을 받아 본인의 과원에 적합한 시비체계를 구축하는 한편 사과나무의 생리 및 수세 등을 고려한 본인의 응용능력을 제고해야 한다.

모든 품종에 대해 동시 인력적과를 실시하고 있는데, 이는 적기에 열매솎기가 이루어지지 못해 수량이 낮아지는 요인이 되고 있다. 따라서 인력 적과 이전에 꽃눈 정리 전정, 꽃봉오리솎기, 꽃솎기 및 품종에 따라서는 적과제를 이용한 열매솎기를 실시하고, 인력 적과는 조기에 1~2차로 나누어 실시하는 등 적기에 열매솎기를 실시해야 한다.

또 농기계는 기본적인 것만을 이용하고 있는데 이는 노동생산력이 낮은 요인이 되고 있다. 따라서 트랙터·고속분무기(SS)·굴착기·퇴비살포기·예초기 등의 도입을 고려할 수 있으나, 각 기종별 경제성을 검토해 단독구입·공동구입이용·임대·위탁 등의 방식을 통해 농작업의 효율성을 제고하는 방안이 필요하다.

저장을 하지 않을 경우 시장교섭력이 낮아 수취가격 제고에 한계가 있으나 개별적으로 저온저장고를 설치하는 것이 부담이 될 수 있으므로 생산자단체의 시설을 임대하거나 산지유통센터(APC)를 이용하는 방안도 고려해야 한다.

표 13-10 전국 대비 사례 농가의 세부요소별 진단 결과

	세부요소	배점	전국(A)	진단농가(B)	B/A(%)	세부내용
과원구조(40)	① 나무 높이	6	3.48	6.00	172	나무 높이 2.5~2.9m
	② 토양개량	7	4.82	4.20	87	토양검정 없이 완숙퇴비·석회류 적당히 사용
	③ 배수시설	4	2.83	2.40	85	전 면적에 명거배수로 관리로 작업에 장해
	④ 관수시설 및 관리	4	2.80	3.20	114	전 면적에 점적·살수 관수시설 및 계락적 관리
	⑤ 지주 설치	4	2.89	3.20	111	나무마다 주간을 고정시키는 개별지주 설치
	⑥ 재식밀도(주/10a)	5	3.56	4.00	112	M.26:99~125주 이상 M.9:149주 이하, 200주 이상
	⑦ 묘목	5	3.71	3.00	81	M.26/ M.9 이중접목묘 회초리묘
	⑧ 품종안배	5	3.22	1.00	31	주품종이 90% 이상, 품종수는 2개 이하
과원관리(30)	① 정지전정	4	2.96	2.40	81	동계전정 위주로 전정
	② 시비	4	2.79	1.60	57	주위 독농가 과수원 시비를 모방
	③ 잡초관리	4	2.50	3.20	128	자생잡초 이용 수관하 피복 열간 예취관리
	④ 병해충 방제방법	3	2.01	1.80	90	방제력에 따라 예방위주로 농약을 선택하고, 정기적으로 방제작업
	⑤ 농약살포 횟수	4	2.97	3.20	108	10~11회
	⑥ 수분	4	2.60	2.40	92	결실불안으로 전면 인공수분
	⑦ 적뢰·적화·적과	4	2.56	0.80	31	모든 품종을 동시 인력적과
	⑧ 착색관리	3	2.01	1.80	90	시비개선 + 전정개선 + 적엽 및 알돌리기 + 반사필름피복

경영 관리 (30)	① 농기계 이용체계	2	1.35	0.80	59	경운기 또는 모터 이용 동력분무기
	② 자재구입	2	1.15	0.80	70	대부분의 자재를 개별적으로 선택하고 협상해 구입
	③ 생산목표 설정	2	1.32	1.20	91	사전 계획하지 않으나 수세 등을 고려해 생산 가능량을 판단하며 관리
	④ 저장	3	2.12	0.60	28	저장하지 않음
	⑤ 선별포장	4	2.89	2.40	83	인력으로 크기와 품질에 따라 선별하고, 표준 출하규격으로 포장
	⑥ 출하처	3	2.04	1.80	88	산지공판장에 상장 또는 직판장을 개설해 판매
	⑦ 마케팅 전략	3	1.67	1.80	108	타 농가와의 차별화 요인을 개인적으로 개발
	⑧ 경영기록 및 분석	4	2.16	2.40	111	경영관리프로그램은 사용하나 일지기록 위주 성과분석 등은 하지 않음
	⑨ 자금관리	3	1.63	1.80	110	연간 예상수익과 소요자금을 산출해 연간 자금운영계획을 수립한 후 자금관리
	⑩ 농업정보 활용	2	1.36	1.20	88	위 항목 + 과수 관련 전문 잡지 구독
	⑪ 경영 컨설팅	2	0.85	0.80	94	기술센터 또는 과수 관련 기관에서 기술 위주 컨설팅을 받음

결론적으로 문제가 되고 있는 5개 세부요소 중 단기적으로 실천이 가능한 시비, 적뢰·적화·적과를 개선하고 중장기적으로 품종안배, 다양한 농기계 이용, 저온저장 등을 고려한다.

대한민국 으뜸 농사기술서

사과

1판 1쇄 발행일 2017년 9월 8일
1판 2쇄 발행일 2018년 9월 5일

공 저 임명순 강상조 강진구 신건철 이순원 정경호 정혜웅 최용문
펴낸이 이상욱

기 획 김흥선 김용덕 황의성
교 정 손수정
디자인&인쇄 지오커뮤니케이션

펴 낸 곳 (사)농민신문사
출판등록 제25100-2017-000077호
주   소 서울시 서대문구 독립문로 59
홈페이지 http://www.nongmin.com
전화 02-3703-6097 | **팩스** 02-3703-6213

이 책은 저작권법에 따라 보호를 받는 저작물이므로 무단전재와 무단복제를 금지하며,
내용의 전부 또는 일부를 이용하려면 반드시 저작권자와 (사)농민신문사의 서면 동의를 받아야 합니다.

© 농민신문사 2018
ISBN 978-89-7947-163-2 (13520)

잘못된 책은 바꾸어 드립니다. 책값은 뒤표지에 있습니다.

이 도서의 국립중앙도서관 출판예정도서목록(CIP)은 서지정보유통지원시스템 홈페이지(http://seoji.nl.go.kr)와 국가
자료공동목록시스템(http://www.nl.go.kr/kolisnet)에서 이용하실 수 있습니다. (CIP제어번호 : CIP2017020902)